TABLES

D'INTÉRÊTS SIMPLES

A TOUS LES TAUX, POUR TOUS LES TEMPS ET TOUTES LES SOMMES,

AUGMENTÉES

D'UNE TABLE DES JOURS COMPRIS ENTRE DEUX ÉPOQUES DE L'ANNÉE ;

D'UNE TABLE DES DOUZIÈMES DE CONTRIBUTIONS,

ET

DES TABLES COMPARATIVES DES ANCIENNES ET NOUVELLES MESURES ;

Par L. Passot,

ANCIEN PROFESSEUR.

PARIS,

PASSOT ET PONCET, ÉDITEURS,

Rue Duphot, 17.

—

M DCCC XXXIX.

Lyon. — Imp. d'Isidore Deleuze.

Il n'est personne qui ne soit susceptible de prêter ou d'emprunter un peu sinon beaucoup d'argent. Un capital (1) argent est, aussi bien que celui d'une vigne ou d'une maison, une propriété dont le possesseur doit tirer loyer, s'il en passe la jouissance à une autre personne. On peut donc dire que l'*intérêt* d'une somme prêtée ou empruntée est le *loyer* qu'un propriétaire doit retirer de son capital.

Un gouvernement ne saurait en régler le taux par une loi (2); car il ne lui appartient pas d'assigner un minimum à la confiance. Aussi l'usure existera-t-elle tant que le crédit ne sera pas organisé sociétairement; car *crédit*, c'est la confiance plus ou moins grande qu'inspire l'emprunteur. L'intérêt de l'argent que loue le capitaliste sera donc toujours en raison inverse du crédit de cet emprunteur.

---

(1) Les capitaux se composent de toutes les richesses que l'homme a créées et dont il peut faire usage pour ajouter à son bien-être.

Le travail, la capacité industrielle, les talents acquis, la clientèle d'une étude, la chalandise d'un magasin, d'un cabinet, d'un journal, sont aussi des capitaux.

(2) Voir la loi du 3 *septembre* 1807 sur le taux de l'intérêt de l'argent, que par des moyens indirects il sera toujours facile d'éluder.

Le crédit public ayant beaucoup augmenté depuis le moyen-âge (1), et devant augmenter beaucoup plus encore par l'association largement combinée, il s'ensuit que l'intérêt des capitaux a diminué considérablement, et qu'il tend à s'abaisser proportionnellement.

Pour l'époque actuelle ce crédit public varie de 3 à 6 pour °/₀. *Trois* nous ayant donc paru le *minimum* et *six* le *maximum* des intérêts légalement exigés, nos tables, à ces taux plus généralement usités, donneront, avec une approximation plus grande même que celle des tables logarithmiques, l'intérêt d'une *somme quelconque* depuis 3 jusqu'à 6 pour °/₀, d'abord pour tous les jours du mois de I à 30, pour les termes les plus usités de l'année 50, 100, 200, 250

(1) Nous voyons fréquemment, en consultant nos annales, que nos princes et nos grandes villes ont souvent emprunté à des taux usuraires de 25 et 30 0/0 sur hypothèques.

Nous devons rechercher les causes principales de cette baisse de l'intérêt, de l'amélioration du sort des producteurs et du progrès du crédit qui marchent de front et intimement liés :

1° Dans l'accumulation des capitaux et la facilité de leur circulation ;

2° Dans l'unité de la monnaie, qui, inventée pour subvenir aux difficultés inséparables de l'échange, variait suivant les lieux et le caprice des seigneurs féodaux.

(On sait qu'à Sparte on avait une monnaie de fer ;

Qu'à Rome on n'a connu, pendant 484 ans (durée de la toute puissance du peuple-roi), qu'une monnaie de cuivre (pecunia) ;

Que les premières monnaies de nos ancêtres les Gaulois furent de cuir ;

Qu'on trouve ailleurs, et de nos jours encore, des monnaies de coquilles).

3° Dans nos moyens { de communication. { Mieux harmonisés avec les besoins
4°　　 —　　 { de distribution des produits. } de la société.

Chacun concevra sans peine combien il nous reste encore à acquérir :

Avant que la monnaie métallique et la monnaie du crédit, le papier (billets, lettres de change, promesses), passent de l'état actuel, qui n'a qu'un caractère individuel, à un état qui leur donnera un titre unitaire, un caractère social ; car alors seulement la monnaie aurait atteint son maximum de perfection, si elle était la même pour tous les pays ;

Avant que les moyens de communications généralisés resserrent, par leur action, tous les peuples en un seul, tous les hommes en une seule famille, et fassent jouir toutes les contrées, au plus bas prix possible, de toutes les productions qui naissent à la surface du globe, et de toutes celles que l'industrie peut créer ;

Avant que la distribution des produits, qui se fait généralement d'une manière individuelle, et par conséquent désordonnée, ait acquis par l'association, qui multipliera suivant ses besoins les docks (bassins des entrepôts) et les comptoirs communaux, toute la perfectibilité que nous préconise dans ses ouvrages de profonde érudition, le plus célèbre de nos économistes modernes, Ch. Fourier.

(*Economie sociale.*)

jours ; pour l'année de 365 et de 366 jours ; ensuite pour les douze mois de l'année successivement.

Cependant à mesure que les vices de l'organisation industrielle disparaissent avec l'individualisme toujours étroit et mesquin pour la grande production, depuis surtout que l'esprit d'association a fait naître tant de sociétés en commandite, et tant d'opérations de toute nature, qui promettent à leurs actionnaires des dividendes bénéficiaires de 7, 8, 9, 10 et même 25 pour cent, indépendamment des intérêts assurés annuellement :

Nos tables d'intérêts simples à 3, 4, 5 et 6 pour °/₀ eussent été nécessairement incomplètes et insuffisantes.

Le DROIT DE COMMISSION, l'ESCOMPTE, l'AGIO, la PRIME D'ASSURANCE, la REMISE, la NÉGOCIATION, le CHANGE, *l'intérêt progressif* des capitaux industriels, et *l'intérêt décroissant* de la rente gouvernementale et individuelle, exigeaient un minimum et un maximum plus extrême.

Nous donnons donc en même temps que nos tables *usuelles* à 3, 4, 5 et 6, des tables plus rarement usitées pour l'époque actuelle, depuis $\frac{1}{8}$ avec progression de $\frac{1}{4}$ en $\frac{1}{4}$ jusqu'à 10 pour °/₀, et depuis 10 avec progression de 1 jusqu'à 25 pour °/₀.

Nous n'avons donné dans nos tables plus rarement usitées, les intérêts d'une *somme quelconque* que pour 1 jour, 1 mois et 1 année seulement, pour diminuer l'énormité embarrassante du volume, — mais rien n'est plus facile à obtenir que l'intérêt pour un nombre quelconque de jours, de mois ou d'années, quand on a celui d'un jour, d'un mois ou d'une année ; car il suffit d'une simple multiplication de l'intérêt d'un jour, d'un mois ou d'une année par ce *nombre donné* de jours, de mois ou d'années.

SOMMES PLACÉES	à 5 p. 0/0 par an.
1	» 05
2	» 10
3	» 15
4	» 20
5	» 25
6	» 30
7	» 35
8	» 40
9	» 45
10	» 50
20	1 00
30	1 50
40	2 00
50	2 50
60	3 00
70	3 50
80	4 00
90	4 50
100	5 »
200	10 »
300	15 »
400	20 »
500	25 »
600	30 »
700	35 »
800	40 »
900	45 »
1000	50 »
2000	100 »
3000	150 »
4000	200 »
5000	250 »
6000	300 »
7000	350 »
8000	400 »
9000	450 »
10000	500 »
100000	5000 »

FORMATION DES TABLES.

Cette méthode n'est qu'une heureuse application du système décimal qui se trouve développé à l'infini dans toutes ces tables, et la simplification du tableau ci-contre.

Les intérêts de I, 10, 100, 1,000, 10,000, 100,000 fr., etc., étant toujours 5 suivi ou précédé d'un nombre de zéros destinés à les rendre de dix en dix fois plus petits ou plus grands :

Nous pouvons donc, présentant en regard sur une même ligne,

$$100,000,000 = 005000000$$

avoir l'intérêt depuis I franc jusqu'à 100,000,000, en avançant la virgule du Ier au 9e rang, c'est-à-dire *en prenant autant de chif-res qu'il y en a dans la somme dont on veut l'intérêt.*

Cette simplification obtenue, et se trouvant également applicable aux nombres 2, 3, 4, 5, 6, 7, 8 et 9 suivis d'autant de zéros qu'on voudra, nos tables étaient construites.

On verra par nos tables des DOUZIÈMES DE CONTRIBUTIONS, d'IN-TÉRÊTS COMPOSÉS, d'ANNUITÉS, de RENTES VIAGÈRES, de DIVISION, du COURS DES RENTES, de COMPARAISON DES ANCIENNES MESURES AVEC LES MESURES MÉTRIQUES, etc., combien est riche et régulier notre système décimal, et combien notre méthode rend simples et faciles toutes ces opérations de chiffres où l'ennui et le dégoût succèdent si vîte à la fatigue et à la contention de l'esprit.

USAGE DES TABLES.

PRENEZ (*sur la gauche de la colonne correspondante*) AUTANT DE CHIFFRES QU'IL Y EN A DANS LA SOMME DONT VOUS VOULEZ LES INTÉRÊTS (I).

Les chiffres ainsi séparés (*à gauche*) expriment les francs, ceux qui restent (*à droite* de la virgule) expriment les centimes et parties de centime, s'il y a plus de deux chiffres.

PREMIER EXEMPLE.

Quelle somme doivent produire 100 fr. placés à 4 pour °/₀ par an ?

La somme de cent francs contient 3 chiffres, donc prenez 3 chiffres à la colonne correspondante des intérêts (page 49), 12e colonne des intérêts ,
Et vous aurez 100 fr. $=$ 004,0000 ou simplement 4 fr.

DEUXIÈME EXEMPLE.

Quel est l'intérêt de 100,000 fr., pour 2 mois 10 jours, à raison de 6 pour °/₀ par an ?

100,000 (comportant 6 chiffres) donneront pʳ 2 mois (p. 52). 1,000 f. » c.
100,000 . . . . pour 10 jours (p. 40). 166   67
____

donc 100,000 fr. . . . . pour 2 mois, 10 jours. 1,166   67

(1) Les chiffres *supérieurs* servent de chiffres de rapports.

TROISIÈME EXEMPLE. — Escompte (1).

Une personne qui a besoin d'argent comptant propose à un banquier de lui escompter un billet de 800 fr. payable dans 7 mois 12 jours.

Le banquier prend l'escompte à raison de 6 pour °/₀ par an : quelle somme remettra-t-il au porteur ?

Il est clair que le banquier sortant de sa caisse une somme de 800 fr., qui ne doit y rentrer que dans 7 mois 12 jours, doit retirer loyer de cette somme pour le laps de temps pendant lequel il la loue, — il l'évalue à raison de 6 pour °/₀ par an, d'après les conditions de l'énoncé.

800 fr. pour 7 mois à 6 °/₀ donnent (page 53). 28 f. » c.
800 fr. pour 12 jours. . . . . (page 40). I   60
──
donc 800 fr. pour 7 mois 12 jours donneront   29 f. 60

donc le banquier prélèvera sur le billet 29 fr. 60 cent. et ne paiera au détenteur du billet que 770 fr. 40 cent.

— Mais le banquier ne sort réellement de sa caisse que 770 fr. 40 cent. au lieu de 800. Ce ne serait donc que sur 770 fr. 40 cent. qu'il devrait prélever son intérêt pour 7 mois 12 jours, et non sur une somme de 800 fr. qu'il ne donne pas. Il prélève donc en plus les intérêts de 29 fr. 60 cent., c'est-à-dire l'intérêt de l'intérêt de la somme qu'il devrait remettre au porteur.

D'après cet usage une banque qui escompte à 6 pour °/₀ pour 900,000 fr. de valeurs échéables à *un an*, outre son droit de commission qui donnerait à ³/₄ °/₀

(page 59). . . . . 6750 fr. ⎞
prélève encore l'intérêt de l'intérêt de 900,000 fr., à   ⎬ 9990 fr.
6 pour °/₀, ou bien. 3240   ⎠

(Car l'intérêt de 900,000 fr. est de (page 53) 54,000 fr.,
qui donne pour 50,000 fr. (page 53) . . .   3000 ⎫ 3240 fr.)
           pour   4,000 fr. (page 53) . . .   240 ⎭

---

(1) L'*escompte* est une retenue faite sur le *montant* d'un billet qui n'est payable qu'au bout d'un certain temps, et dont on voudrait se faire payer avant son échéance.

Le banquier aura donc bénéficié, sans déboursés aucuns, puisqu'il reçoit immédiatement une valeur contre une autre valeur dont il a prélevé les intérêts et qu'il peut négocier encore plusieurs fois, mais par le seul fait de son droit de commission, et par son *escompte en dehors* qu'il trouve, dit-il, beaucoup plus commode et plus avantageux, une somme de. . . . . 9,990f. »

S'il a escompté par le nombre des jours de l'année civile qui a 365 jours, et quelquefois 366, plutôt que par nombre de mois de 30 jours qui ne donnent que 360 jours à l'année commerciale, il s'appropriera encore l'intérêt de 900,000 fr. pour 5 jours (page 39). . . . . 750 »

et à supposer qu'il n'ait aucun autre bénéfice, la seule manutention de 900,000 fr. lui aura laissé une somme de. . . . . 10,740 »
évaluée au minimum. Car si les valeurs sont échéables à 3 mois, le droit de commission se renouvelle 4 fois et la somme de 6,750 × 4 devient. 27,000

Si l'année est bissextile, l'intérêt de 900,000 fr. pour 6 jours devient 900

On aurait donc à ajouter à 10,740 : 1° 3 nouveaux droits de commission s'élevant à. . . . . 20,250 »
2° L'excédant du jour 366ᵉ. 150 »

Et alors la transition des 900,000 fr. laisserait au banquier. . . 31,140 »

QUATRIÈME EXEMPLE. — Escompte.

Un commerçant négocie le **20 mars** *un effet de* **54,000 fr.** *qui n'est payable que le* **27 novembre.** *Y compris sa commission, le banquier lui retient un escompte à raison de* 6 ³/₄ *pour* °/₀. *Combien doit-il recevoir ?*

Du 20 mars au 20 septembre (page 17) on a 180 jours ⎫
Ajoutant les 7 jours en plus. . . . . 7 *id.* ⎭ 187 jours.

Le banquier prélèvera donc l'intérêt de 54,000 fr. pour 187 jours, à 6 ⁵/₁ pour °/₀.

50,000 fr. pour 1 jour donnant (page 71) 9 37 5
et 4,000 . . . . » 75

54,000 fr. pour 1 jour donneront 10 12 5

qui, multipliés par 187 j., donneront 880 f. 87 ¹/₂, part préliminaire du banquier. Celle du commerçant sera le reste 53119 f. 12 ¹/₂.

CINQUIÈME EXEMPLE. — Rentes (1).

Combien 68,000 fr. font-ils de rentes 5 pour °/₀ , le cours étant au pair ?

La rente de 60,000 fr. étant (page 51) . . . . 3,000 fr.
Et celle de   8,000 fr.   (page 51)   400

68,000 fr. feront de rente . . . . 3,400 fr.

N. B. Voir nos tables du cours des rentes applicables à toutes les opérations de bourse.

SIXIÈME EXEMPLE. — Assurances (2).

On fait assurer une maison estimée 30,000 fr. à raison de ¹/₂ pour ∞/₀₀. Quelle est la prime d'assurance ?

30,000 fr. à ¹/₂ pour °/₀ donnent (page 59) . . . . . . 150 fr.
Id.   à ¹/₂ pour ∞/₀₀ donneront 10 fois moins. . .   15 fr.

---

(1) On distingue en France *trois espèces de rentes.*—Dans celle dite 5 p. 0/0 , l'intérêt a été , lors de l'emprunt public fait par l'état, fixé à 5 p. 0/0. Ces 5 fr. de rente pour 100 fr. étant négociables, il y a variation nécessaire, hausse ou baisse dans la rente suivant la confiance publique, le nombre des acheteurs et les divers événements politiques. Le *Cours de la rente* , c'est la cote moyenne à la Bourse de cette fluctuation quotidienne, de ces achats et de ces ventes. Quand le cours augmente , on dit que les fonds publics haussent ; quand il diminue, on dit que les fonds baissent ; on dit que la rente est *au pair* , quand le cours revient à 100 fr. Si elle est à 107 fr. 25 c. , cela signifie qu'il faut payer 107 fr. 25 c. , au lieu de 100 fr. pour avoir 5 fr. de rente. Le *Taux de la rente française* a aussi été stipulé à 4 et à 3 pour 100. Le montant total des emprunts effectués par l'état constitue la *dette publique.* L'*amortissement* de la dette, c'est le rachat successif des *coupons de rente* qui sont ensuite annulés.

(2) Le but des compagnies d'assurances est de rembourser , moyennant une *prime* annuelle, évaluée à tant pour 100 ou pour 1000 , les pertes que peut éprouver la chose assurée.

SEPTIÈME EXEMPLE. — Remises (1).

Un éditeur accorde à son voyageur une remise nette de 23 pour °/₀ sur toutes les commissions que celui-ci lui adressera. En huit mois il lui en envoie pour 150,000 fr., combien doit-il à son voyageur ?

    100,000 (page 84) donnent. . . . . 23,000 fr.

      50,000 11,500

Donc pour 150,000 d'affaires acquises, il aura 34,500

D'après les exemples précités, on voit que *ces tables* sont la clé de tous les comptes faits ou à faire, pour toutes les opérations de bourse, de banque et de commerce. Elles sont au moins aussi utiles à ceux qui sont familiarisés avec les calculs de la banque qu'à ceux qui ne le sont pas, ne fût-ce que pour la *vérification* des comptes ; car notre méthode est réduite à la règle la plus simple, à l'addition, et présente toujours *brièveté, précision* et *exactitude.*

Il ne suffit pas à celui qui prête ou qui emprunte de savoir combien il doit recevoir ou donner d'intérêts pour un nombre de jours déterminé ; il a encore besoin, pour régler ces intérêts, de savoir combien il y a de jours depuis celui du prêt ou de l'emprunt jusqu'au jour de l'échéance.

Nous donnerons donc d'abord des tables au moyen desquelles on trouvera facilement le nombre de jours compris entre deux époques quelconques de l'année.

(1) La remise, c'est la somme évaluée à tant pour 0/0, qu'on abandonne sur le prix ou sur le poids de la marchandise, sur une recette, un recouvrement, etc.

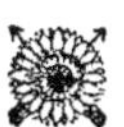

TABLES

SERVANT

A CALCULER LE NOMBRE DE JOURS COMPRIS ENTRE DEUX ÉPOQUES.

INSTRUCTION PRÉLIMINAIRE.

Pour savoir combien il y a de jours d'une époque à une autre époque de l'année, par la table qui suit, un exemple suffira pour en apprendre l'usage.

Le 1ᵉʳ avril on présente à l'escompte un billet de 100 fr. dont l'échéance ne doit avoir lieu qu'au 1ᵉʳ décembre de la même année, — quelle somme doit retenir le banquier?

Le chiffre correspondant DU 1ᵉʳ avril (*4ᵉ colonne horizontale*) AU 1ᵉʳ décembre (*11ᵉ colonne verticale*) indique qu'entre les deux époques il y a 240 jours (*1ʳᵉ table, année commerciale*).

Donc le banquier doit retenir, sur le paiement du billet présenté, l'intérêt de ces 240 jours.

N. B. Il semble au premier coup-d'œil que cette table n'indique que le nombre de jours à partir du 1ᵉʳ d'un mois au 1ᵉʳ d'un autre mois quelconque.

Elle n'indique pas, il est vrai, combien il y a de jours du 2 *avril* au 2 *décembre* par exemple. — Mais, avec la moindre attention, n'est-il pas facile à reconnaître que du 2 *avril* au 2 *décembre*, — aussi bien que 8, 10, 16 avril, etc., au 8, 10, 16 décembre, — il n'y a ni plus ni moins de jours que du 1ᵉʳ *avril* au 1ᵉʳ *décembre*, c'est-à-dire 240 jours, — et que l'on pourra toujours substituer par la pensée 2, 8, 10, 16, etc., avril, au 2, 8, 10, 16 décembre, à 1ᵉʳ avril au 1ᵉʳ décembre, puisque le résultat est évidemment le même.

Si du 1ᵉʳ *avril* au 1ᵉʳ *décembre*, il y a. . . . . 240 jours.

il est également évident que du 1ᵉʳ *avril* au 10 *décembre* on aura 10 jours de plus à ajouter.   10

et qu'on aura, pour nombre de jours, du 10 *avril* au 10 *décembre*.   250

Si du 10 *avril* au 10 *décembre*, il y a autant de jours que du 1ᵉʳ *avril* au 1ᵉʳ *décembre*, et par conséquent. . . . .   240 jours.

Il est encore évident que du 1ᵉʳ *avril* au 1ᵉʳ *décembre* on aura 10 *jours* en moins à retrancher.   10

Et qu'on aura, pour nombre de jours, du 10 *avril* au 1ᵉʳ *décembre*.   230

Ces questions peuvent s'appliquer également à la seconde table de l'année civile, puisque la manière d'en faire usage est absolument semblable, — seulement on aura soin d'ajouter 1 jour dans les années bissextiles au mois de février, qui, au lieu de 28, en comporte alors 29.

Chacune de ces tables, qui n'a *qu'une page*, est donc, aussi bien que celles en 12 pages, suffisante pour toutes les opérations de ce genre ; elles sont indispensables pour dresser ou vérifier un compte d'intérêts avec promptitude.

Ire TABLE (PLUS GÉNÉRALEMENT USITÉE)

Du nombre de Jours compris entre deux Epoques (Année commerciale de 360 j.)

DU 1er	Au 1er											
	1 février	2 mars	3 avril	4 mai	5 juin	6 juillet	7 août	8 septem	9 octobr.	10 novem.	11 décem.	12 janvier
Janvier...	30	60	90	120	150	180	210	240	270	300	330	360
Février...	360	30	60	90	120	150	180	210	240	270	300	330
Mars.....	330	360	30	60	90	120	150	180	210	240	270	300
Avril.....	300	330	360	30	60	90	120	150	180	210	240	270
Mai......	270	300	330	360	30	60	90	120	150	180	210	240
Juin.....	240	270	300	330	360	30	60	90	120	150	180	210
Juillet....	210	240	270	300	330	360	30	60	90	120	150	180
Août.....	180	210	240	270	300	330	360	30	60	90	120	150
Septembre	150	180	210	240	270	300	330	360	30	60	90	120
Octobre...	120	150	180	210	240	270	300	330	360	30	60	90
Novembre	90	120	150	180	210	240	270	300	330	360	30	60
Décembre.	60	90	120	150	180	210	240	270	300	330	360	30

IIe TABLE (PLUS RAREMENT USITÉE)

Du nombre de Jours compris entre deux Epoques (Année civile de 365 jours.)

DU 1er	Au 1er											
	1 février	2 mars	3 avril	4 mai	5 juin	6 juillet	7 août	8 septem	9 octobr.	10 novem.	11 décem.	12 janvier
Janvier...	**31**	59	90	120	151	181	212	243	273	304	334	365
Février...	365	**28**	59	89	120	150	181	212	242	273	303	334
Mars.....	337	365	**31**	61	92	122	153	184	214	245	275	306
Avril.....	306	334	365	**30**	61	91	122	153	183	214	244	275
Mai......	276	304	335	365	**31**	61	92	123	153	184	214	245
Juin.....	245	273	304	334	365	**30**	61	92	122	153	183	214
Juillet....	215	243	274	304	335	365	**31**	62	92	123	153	184
Août.....	184	212	243	273	304	334	365	**31**	61	92	122	153
Septembre	153	181	212	242	273	303	334	365	**30**	61	91	122
Octobre...	123	151	182	212	243	273	304	335	365	**31**	61	92
Novembre	92	120	151	181	212	242	273	304	334	365	**30**	61
Décembre.	62	90	121	151	182	212	243	274	304	335	365	**31**

TABLES

D'INTÉRÊTS (simples) PLUS GÉNÉRALEMENT USITÉS

à 3, 4, 5 et 6 pour 0/0 par an

de toutes les sommes pour 1 à 30 jours — 50, 100, 200, 250 jours,
et l'année de 365 ou de 366 jours.

TABLE D'INTÉRÊTS SIMPLES.

SOMMES PLACÉES.	A 3 pour 0/0 par an, ou 1/4 par mois, pendant :																						
	1 JOUR.								2 JOURS.								3 JOURS.							
1 2 3 4 5 6	1	2	3	4	5	6	7	8	1	2	3	4	5	6	7	8	1	2	3	4	5	6	7	8
1 0 0 0 0 0	0	0	0	0	0	8	3	3	0	0	0	0	I	6	6	7	0	0	0	0	2	5	0	0
2 0 0 0 0 0	0	0	0	0	I	6	6	7	0	0	0	0	3	3	3	3	0	0	0	0	5	0	0	0
3 0 0 0 0 0	0	0	0	0	2	5	0	0	0	0	0	0	5	0	0	0	0	0	0	0	7	5	0	0
4 0 0 0 0 0	0	0	0	0	3	3	3	3	0	0	0	0	6	6	6	7	0	0	0	I	0	0	0	0
5 0 0 0 0 0	0	0	0	0	4	I	6	7	0	0	0	0	8	3	3	3	0	0	0	I	2	5	0	0
6 0 0 0 0 0	0	0	0	0	5	0	0	0	0	0	0	I	0	0	0	0	0	0	0	I	5	0	0	0
7 0 0 0 0 0	0	0	0	0	5	8	3	3	0	0	0	I	I	6	6	7	0	0	0	I	7	5	0	0
8 0 0 0 0 0	0	0	0	0	6	6	6	7	0	0	0	I	3	3	3	3	0	0	0	2	0	0	0	0
9 0 0 0 0 0	0	0	0	0	7	5	0	0	0	0	0	I	5	0	0	0	0	0	0	2	2	5	0	0

SOMMES PLACÉES.	A 3 pour 0/0 par, an ou 1/4 par mois, pendant :																						
	4 JOURS.								5 JOURS.								6 JOURS.							
1 2 3 4 5 6	1	2	3	4	5	6	7	8	1	2	3	4	5	6	7	8	1	2	3	4	5	6	7	8
1 0 0 0 0 0	0	0	0	0	3	3	3	3	0	0	0	0	4	I	6	7	0	0	0	0	5	0	0	0
2 0 0 0 0 0	0	0	0	0	6	6	6	7	0	0	0	0	8	3	3	3	0	0	0	I	0	0	0	0
3 0 0 0 0 0	0	0	0	I	0	0	0	0	0	0	0	I	2	5	0	0	0	0	0	I	5	0	0	0
4 0 0 0 0 0	0	0	0	I	3	3	3	3	0	0	0	I	6	6	6	7	0	0	0	2	0	0	0	0
5 0 0 0 0 0	0	0	0	I	6	6	6	7	0	0	0	2	0	8	3	3	0	0	0	2	5	0	0	0
6 0 0 0 0 0	0	0	0	2	0	0	0	0	0	0	0	2	5	0	0	0	0	0	0	3	0	0	0	0
7 0 0 0 0 0	0	0	0	2	3	3	3	3	0	0	0	2	9	I	6	7	0	0	0	3	5	0	0	0
8 0 0 0 0 0	0	0	0	2	6	6	6	7	0	0	0	3	3	3	3	3	0	0	0	4	0	0	0	0
9 0 0 0 0 0	0	0	0	3	0	0	0	0	0	0	0	3	7	5	0	0	0	0	0	4	5	0	0	0

TABLE D'INTÉRÊTS SIMPLES.

SOMMES PLACÉES.	A 3 pour 0/0 par an, ou 1/4 par mois, pendant :		
1 2 3 4 5 6	7 JOURS.	8 JOURS.	9 JOURS.
	1 2 3 4 5 6 7 8	1 2 3 4 5 6 7 8	1 2 3 4 5 6 7 8
1 0 0 0 0 0	0 0 0 0 5 8 3 3	0 0 0 0 6 6 6 7	0 0 0 0 7 5 0 0
2 0 0 0 0 0	0 0 0 1 1 6 6 7	0 0 0 1 3 3 3 3	0 0 0 1 5 0 0 0
3 0 0 0 0 0	0 0 0 1 7 5 0 0	0 0 0 2 0 0 0 0	0 0 0 2 2 5 0 0
4 0 0 0 0 0	0 0 0 2 3 3 3 3	0 0 0 2 6 6 6 7	0 0 0 3 0 0 0 0
5 0 0 0 0 0	0 0 0 2 9 1 6 7	0 0 0 3 3 3 3 3	0 0 0 3 7 5 0 0
6 0 0 0 0 0	0 0 0 3 5 0 0 0	0 0 0 4 0 0 0 0	0 0 0 4 5 0 0 0
7 0 0 0 0 0	0 0 0 4 0 8 3 3	0 0 0 4 6 6 6 7	0 0 0 5 2 5 0 0
8 0 0 0 0 0	0 0 0 4 6 6 6 7	0 0 0 5 3 3 3 3	0 0 0 6 0 0 0 0
9 0 0 0 0 0	0 0 0 5 2 5 0 0	0 0 0 6 0 0 0 0	0 0 0 6 7 5 0 0

SOMMES PLACÉES.	A 3 pour 0/0 par an, ou 1/4 par mois, pendant :		
1 2 3 4 5 6	10 JOURS.	11 JOURS.	12 JOURS.
	1 2 3 4 5 6 7 8	1 2 3 4 5 6 7 8	1 2 3 4 5 6 7 8
1 0 0 0 0 0	0 0 0 0 8 3 3 3	0 0 0 0 9 1 6 7	0 0 0 1 0 0 0 0
2 0 0 0 0 0	0 0 0 1 6 6 6 7	0 0 0 1 8 3 3 3	0 0 0 2 0 0 0 0
3 0 0 0 0 0	0 0 0 2 5 0 0 0	0 0 0 2 7 5 0 0	0 0 0 3 0 0 0 0
4 0 0 0 0 0	0 0 0 3 3 3 3 3	0 0 0 3 6 6 6 7	0 0 0 4 0 0 0 0
5 0 0 0 0 0	0 0 0 4 1 6 6 7	0 0 0 4 5 8 3 3	0 0 0 5 0 0 0 0
6 0 0 0 0 0	0 0 0 5 0 0 0 0	0 0 0 5 5 0 0 0	0 0 0 6 0 0 0 0
7 0 0 0 0 0	0 0 0 5 8 3 3 3	0 0 0 6 4 1 6 7	0 0 0 7 0 0 0 0
8 0 0 0 0 0	0 0 0 6 6 6 6 7	0 0 0 7 3 3 3 3	0 0 0 8 0 0 0 0
9 0 0 0 0 0	0 0 0 7 5 0 0 0	0 0 0 8 2 5 0 0	0 0 0 9 0 0 0 0

TABLE D'INTÉRÊTS SIMPLES.

A 3 pour 0/0 par an, ou 1/4 par mois, pendant :

SOMMES PLACÉES.						13 JOURS.								14 JOURS								15 JOURS.							
1	2	3	4	5	6	1	2	3	4	5	6	7	8	1	2	3	4	5	6	7	8	1	2	3	4	5	6	7	8
1	0	0	0	0	0	0	0	0	1	0	8	3	3	0	0	0	1	1	6	6	7	0	0	0	1	2	5	0	0
2	0	0	0	0	0	0	0	0	2	1	6	6	7	0	0	0	2	3	3	3	3	0	0	0	2	5	0	0	0
3	0	0	0	0	0	0	0	0	3	2	5	0	0	0	0	0	3	5	0	0	0	0	0	0	3	7	5	0	0
4	0	0	0	0	0	0	0	0	4	3	3	3	3	0	0	0	4	6	6	6	7	0	0	0	5	0	0	0	0
5	0	0	0	0	0	0	0	0	5	4	1	6	7	0	0	0	5	8	3	3	3	0	0	0	6	2	5	0	0
6	0	0	0	0	0	0	0	0	6	5	0	0	0	0	0	0	7	0	0	0	0	0	0	0	7	5	0	0	0
7	0	0	0	0	0	0	0	0	7	5	8	3	3	0	0	0	8	1	6	6	7	0	0	0	8	7	5	0	0
8	0	0	0	0	0	0	0	0	8	6	6	6	7	0	0	0	9	3	3	3	3	0	0	1	0	0	0	0	0
9	0	0	0	0	0	0	0	0	9	7	5	0	0	0	0	1	0	5	0	0	0	0	0	1	1	2	5	0	0

A 3 pour 0/0 par an, ou 1/4 par mois, pendant :

SOMMES PLACÉES.						16 JOURS.								17 JOURS.								18 JOURS.							
1	2	3	4	5	6	1	2	3	4	5	6	7	8	1	2	3	4	5	6	7	8	1	2	3	4	5	6	7	8
1	0	0	0	0	0	0	0	0	1	3	3	3	3	0	0	0	1	4	1	6	7	0	0	0	1	5	0	0	0
2	0	0	0	0	0	0	0	0	2	6	6	6	7	0	0	0	2	8	3	3	3	0	0	0	3	0	0	0	0
3	0	0	0	0	0	0	0	0	4	0	0	0	0	0	0	0	4	2	5	0	0	0	0	0	4	5	0	0	0
4	0	0	0	0	0	0	0	0	5	3	3	3	3	0	0	0	5	6	6	6	7	0	0	0	6	0	0	0	0
5	0	0	0	0	0	0	0	0	6	6	6	6	7	0	0	0	7	0	8	3	3	0	0	0	7	5	0	0	0
6	0	0	0	0	0	0	0	0	8	0	0	0	0	0	0	0	8	5	0	0	0	0	0	0	9	0	0	0	0
7	0	0	0	0	0	0	0	0	9	3	3	3	3	0	0	0	9	9	1	6	7	0	0	1	0	5	0	0	0
8	0	0	0	0	0	0	0	1	0	6	6	6	7	0	0	1	1	3	3	3	3	0	0	1	2	0	0	0	0
9	0	0	0	0	0	0	0	1	2	0	0	0	0	0	0	1	2	7	5	0	0	0	0	1	3	5	0	0	0

TABLE D'INTÉRÊTS SIMPLES.

A 3 pour 0/0 par an, ou 1/4 par mois, pendant :

SOMMES PLACÉES.						19 JOURS.								20 JOURS.								21 JOURS.							
1	2	3	4	5	0	1	2	3	4	5	6	7	8	1	2	3	4	5	6	7	8	1	2	3	4	5	6	7	8
1	0	0	0	0	0	0	0	0	1	5	8	3	3	0	0	0	1	6	6	6	7	0	0	0	1	7	5	0	0
2	0	0	0	0	0	0	0	0	3	1	6	6	7	0	0	0	3	3	3	3	3	0	0	0	3	5	0	0	0
3	0	0	0	0	0	0	0	0	4	7	5	0	0	0	0	0	5	0	0	0	0	0	0	0	5	2	5	0	0
4	0	0	0	0	0	0	0	0	6	3	3	3	3	0	0	0	6	6	6	6	7	0	0	0	7	0	0	0	0
5	0	0	0	0	0	0	0	0	7	9	1	6	7	0	0	0	8	3	3	3	3	0	0	0	8	7	5	0	0
6	0	0	0	0	0	0	0	0	9	5	0	0	0	0	0	1	0	0	0	0	0	0	0	1	0	5	0	0	0
7	0	0	0	0	0	0	0	1	1	0	8	3	3	0	0	1	1	6	6	6	7	0	0	1	2	2	5	0	0
8	0	0	0	0	0	0	0	1	2	6	6	6	7	0	0	1	3	3	3	3	3	0	0	1	4	0	0	0	0
9	0	0	0	0	0	0	0	1	4	2	5	0	0	0	0	1	5	0	0	0	0	0	0	1	5	7	5	0	0

A 3 pour 0/0 par an, ou 1/4 par mois, pendant :

SOMMES PLACÉES.						22 JOURS.								23 JOURS.								24 JOURS.							
1	2	3	4	5	6	1	2	3	4	5	6	7	8	1	2	3	4	5	6	7	8	1	2	3	4	5	6	7	8
1	0	0	0	0	0	0	0	0	1	8	3	3	3	0	0	0	1	9	1	6	7	0	0	0	2	0	0	0	0
2	0	0	0	0	0	0	0	0	3	6	6	6	7	0	0	0	3	8	3	3	3	0	0	0	4	0	0	0	0
3	0	0	0	0	0	0	0	0	5	5	0	0	0	0	0	0	5	7	5	0	0	0	0	0	6	0	0	0	0
4	0	0	0	0	0	0	0	0	7	3	3	3	3	0	0	0	7	6	6	6	7	0	0	0	8	0	0	0	0
5	0	0	0	6	0	0	0	0	9	1	6	6	7	0	0	0	9	5	8	3	3	0	0	1	0	0	0	0	0
6	0	0	0	0	0	0	0	1	1	0	0	0	0	0	0	1	1	5	0	0	0	0	0	1	2	0	0	0	0
7	0	0	0	0	0	0	0	1	2	8	3	3	3	0	0	1	3	4	1	6	7	0	0	1	4	0	0	0	0
8	0	0	0	0	0	0	0	1	4	6	6	6	7	0	0	1	5	3	3	3	3	0	0	1	6	0	0	0	0
9	0	0	0	0	0	0	0	1	6	5	0	0	0	0	0	1	7	2	5	0	0	0	0	1	8	0	0	0	0

TABLE D'INTÉRÊTS SIMPLES.

A 3 pour 0/0 par an, ou 1/4 par mois, pendant :

SOMMES PLACÉES.						25 JOURS.								26 JOURS.								27 JOURS.							
1	2	3	4	5	6	1	2	3	4	5	6	7	8	1	2	3	4	5	6	7	8	1	2	3	4	5	6	7	8
1	0	0	0	0	0	0	0	0	2	0	8	3	3	0	0	0	2	1	6	6	7	0	0	0	2	2	5	0	0
2	0	0	0	0	0	0	0	0	4	1	6	6	7	0	0	0	4	3	3	3	3	0	0	0	4	5	0	0	0
3	0	0	0	0	0	0	0	0	6	2	5	0	0	0	0	0	6	5	0	0	0	0	0	0	6	7	5	0	0
4	0	0	0	0	0	0	0	0	8	3	3	3	3	0	0	0	8	6	6	6	7	0	0	0	9	0	0	0	0
5	0	0	0	0	0	0	0	1	0	4	1	6	7	0	0	1	0	8	3	3	3	0	0	1	1	2	5	0	0
6	0	0	0	0	0	0	0	1	2	5	0	0	0	0	0	1	3	0	0	0	0	0	0	1	3	5	0	0	0
7	0	0	0	0	0	0	0	1	4	5	8	3	3	0	0	1	5	1	6	6	7	0	0	1	5	7	5	0	0
8	0	0	0	0	0	0	0	1	6	6	6	6	7	0	0	1	7	3	3	3	3	0	0	1	8	0	0	0	0
9	0	0	0	0	0	0	0	1	8	7	5	0	0	0	0	1	9	5	0	0	0	0	0	2	0	2	5	0	0

A 3 pour 0/0 par, an ou 1/4 par mois, pendant :

SOMMES PLACÉES.						28 JOURS.								29 JOURS.								30 JOURS.							
1	2	3	4	5	6	1	2	3	4	5	6	7	8	1	2	3	4	5	6	7	8	1	2	3	4	5	6	7	8
1	0	0	0	0	0	0	0	0	2	3	3	3	3	0	0	0	2	4	1	6	7								
2	0	0	0	0	0	0	0	0	4	6	6	6	7	0	0	0	4	8	3	3	3								
3	0	0	0	0	0	0	0	0	7	0	0	0	0	0	0	0	7	2	5	0	0								
4	0	0	0	0	0	0	0	0	9	3	3	3	3	0	0	0	9	6	6	6	7								
5	0	0	0	0	0	0	0	1	1	6	6	6	7	0	0	1	2	0	8	3	3								
6	0	0	0	0	0	0	0	1	4	0	0	0	0	0	0	1	4	5	0	0	0								
7	0	0	0	0	0	0	0	1	6	3	3	3	3	0	0	1	6	9	1	6	7								
8	0	0	0	0	0	0	0	1	8	6	6	6	7	0	0	1	9	3	3	3	3								
9	0	0	0	0	0	0	0	2	1	0	0	0	0	0	0	2	1	7	5	0	0								

Voir la Table des mois. *(pour 30 jours)*

TABLE D'INTÉRÊTS SIMPLES.

A 3 pour 0/0 par an, ou 1/4 par mois, pendant :

SOMMES PLACÉES.						50 JOURS.								100 JOURS.								200 JOURS.							
1	2	3	4	5	6	1	2	3	4	5	6	7	8	1	2	3	4	5	6	7	8	1	2	3	4	5	6	7	8
I	0	0	0	0	0	0	0	0	4	I	6	6	7	0	0	0	8	3	3	3	3	0	0	I	6	6	6	6	7
2	0	0	0	0	0	0	0	0	8	3	3	3	3	0	0	I	6	6	6	6	7	0	0	3	3	3	3	3	3
3	0	0	0	0	0	0	0	I	2	5	0	0	0	0	0	2	5	0	0	0	0	0	0	5	0	0	0	0	0
4	0	0	0	0	0	0	0	I	6	6	6	6	7	0	0	3	3	3	3	3	3	0	0	6	6	6	6	6	7
5	0	0	0	0	0	0	0	2	0	8	3	3	3	0	0	4	I	6	6	6	7	0	0	8	3	3	3	3	3
6	0	0	0	0	0	0	0	2	5	0	0	0	0	0	0	5	0	0	0	0	0	0	I	0	0	0	0	0	0
7	0	0	0	0	0	0	0	2	9	I	6	6	7	0	0	5	8	3	3	3	3	0	I	I	6	6	6	6	7
8	0	0	0	0	0	0	0	3	3	3	3	3	3	0	0	6	6	6	6	6	7	0	I	3	3	3	3	3	3
9	0	0	0	0	0	0	0	3	7	5	0	0	0	0	0	7	5	0	0	0	0	0	I	5	0	0	0	0	0

A 3 pour 0/0 par an, ou 1/4 par mois, pendant :

SOMMES PLACÉES.						250 JOURS.								365 JOURS.								366 JOURS.							
1	2	3	4	5	6	1	2	3	4	5	6	7	8	1	2	3	4	5	6	7	8	1	2	3	4	5	6	7	8
I	0	0	0	0	0	0	0	2	0	8	3	3	3	0	0	3	0	4	I	6	7	0	0	3	0	5	0	0	0
2	0	0	0	0	0	0	0	4	I	6	6	6	7	0	0	6	0	8	3	3	3	0	0	6	I	0	0	0	0
3	0	0	0	0	0	0	0	6	2	5	0	0	0	0	0	9	I	2	5	0	0	0	0	9	I	5	0	0	0
4	0	0	0	0	0	0	0	8	3	3	3	3	3	0	I	2	I	6	6	6	7	0	I	2	2	0	0	0	0
5	0	0	0	0	0	0	I	0	4	I	6	6	7	0	I	5	2	0	8	3	3	0	I	5	2	5	0	0	0
6	0	0	0	0	0	0	I	2	5	0	0	0	0	0	I	8	2	5	0	0	0	0	I	8	3	0	0	0	0
7	0	0	0	0	0	0	I	4	5	8	3	3	3	0	2	I	2	9	I	6	7	0	2	I	3	5	0	0	0
8	0	0	0	0	0	0	I	6	6	6	6	6	7	0	2	4	3	3	3	3	3	0	2	4	4	0	0	0	0
9	0	0	0	0	0	0	I	8	7	5	0	0	0	0	2	7	3	7	5	0	0	0	2	7	4	5	0	0	0

TABLE D'INTÉRÊTS SIMPLES.

A 4 pour 0/0 par an, ou 1/3 par mois, pendant :

SOMMES PLACÉES.						1 JOUR.								2 JOURS								3 JOURS.							
1	2	3	4	5	6	1	2	3	4	5	6	7	8	1	2	3	4	5	6	7	8	1	2	3	4	5	6	7	8
I	0	0	0	0	0	0	0	0	0	I	I	I	I	0	0	0	0	2	2	2	2	0	0	0	0	3	3	3	3
2	0	0	0	0	0	0	0	0	0	2	2	2	2	0	0	0	0	4	4	4	4	0	0	0	0	6	6	6	7
3	0	0	0	0	0	0	0	0	0	3	3	3	3	0	0	0	0	6	6	6	7	0	0	0	I	0	0	0	0
4	0	0	0	0	0	0	0	0	0	4	4	4	4	0	0	0	0	8	8	8	9	0	0	0	I	3	3	3	3
5	0	0	0	0	0	0	0	0	0	5	5	5	5	0	0	0	I	I	I	I	I	0	0	0	I	6	6	6	7
6	0	0	0	0	0	0	0	0	0	6	6	6	7	0	0	0	I	3	3	3	3	0	0	0	2	0	0	0	0
7	0	0	0	0	0	0	0	0	0	7	7	7	8	0	0	0	I	5	5	5	6	0	0	0	2	3	3	3	3
8	0	0	0	0	0	0	0	0	0	8	8	8	9	0	0	0	I	7	7	7	8	0	0	0	2	6	6	6	7
9	0	0	0	0	0	0	0	0	I	0	0	0	0	0	0	0	2	0	0	0	0	0	0	0	3	0	0	0	0

A 4 pour 0/0 par an, ou 1/3 par mois, pendant :

SOMMES PLACÉES.						4 JOURS.								5 JOURS.								6 JOURS.							
1	2	3	4	5	6	1	2	3	4	5	6	7	8	1	2	3	4	5	6	7	8	1	2	3	4	5	6	7	8
I	0	0	0	0	0	0	0	0	0	4	4	4	4	0	0	0	0	5	5	5	6	0	0	0	0	6	6	6	7
2	0	0	0	0	0	0	0	0	0	8	8	8	9	0	0	0	I	I	I	I	I	0	0	0	I	3	3	3	3
3	0	0	0	0	0	0	0	0	I	3	3	3	3	0	0	0	I	6	6	6	7	0	0	0	2	0	0	0	0
4	0	0	0	0	0	0	0	0	I	7	7	7	8	0	0	0	2	2	2	2	2	0	0	0	2	6	6	6	7
5	0	0	0	0	0	0	0	0	2	2	2	2	2	0	0	0	2	7	7	7	8	0	0	0	3	3	3	3	3
6	0	0	0	0	0	0	0	0	2	6	6	6	7	0	0	0	3	3	3	3	3	0	0	0	4	0	0	0	0
7	0	0	0	0	0	0	0	0	3	1	I	I	I	0	0	0	3	8	8	8	9	0	0	0	4	6	6	6	7
8	0	0	0	0	0	0	0	0	3	5	5	5	6	0	0	0	4	4	4	4	4	0	0	0	5	3	3	3	3
9	0	0	0	0	0	0	0	0	4	0	0	0	0	0	0	0	5	0	0	0	0	0	0	0	6	0	0	0	0

TABLE D'INTÉRÊTS SIMPLES.

A 4 pour 0/0 par an, ou 1/3 par mois, pendant :

SOMMES PLACÉES.						7 JOURS.								8 JOURS.								9 JOURS.							
1	2	3	4	5	6	1	2	3	4	5	6	7	8	1	2	3	4	5	6	7	8	1	2	3	4	5	6	7	8
1	0	0	0	0	0	0	0	0	0	7	7	7	8	0	0	0	0	8	8	8	9	0	0	0	1	0	0	0	0
2	0	0	0	0	0	0	0	0	1	5	5	5	6	0	0	0	1	7	7	7	8	0	0	0	2	0	0	0	0
3	0	0	0	0	0	0	0	0	2	3	3	3	3	0	0	0	2	6	6	6	7	0	0	0	3	0	0	0	0
4	0	0	0	0	0	0	0	0	3	1	1	1	1	0	0	0	3	5	5	5	6	0	0	0	4	0	0	0	0
5	0	0	0	0	0	0	0	0	3	8	8	8	9	0	0	0	4	4	4	4	4	0	0	0	5	0	0	0	0
6	0	0	0	0	0	0	0	0	4	6	6	6	7	0	0	0	5	3	3	3	3	0	0	0	6	0	0	0	0
7	0	0	0	0	0	0	0	0	5	4	4	4	4	0	0	0	6	2	2	2	2	0	0	0	7	0	0	0	0
8	0	0	0	0	0	0	0	0	6	2	2	2	2	0	0	0	7	1	1	1	1	0	0	0	8	0	0	0	0
9	0	0	0	0	0	0	0	0	7	0	0	0	0	0	0	0	8	0	0	0	0	0	0	0	9	0	0	0	0

A 4 pour 0/0 par an, ou 1/3 par mois, pendant :

SOMMES PLACÉES.						10 JOURS.								11 JOURS.								12 JOURS.							
1	2	3	4	5	6	1	2	3	4	5	6	7	8	1	2	3	4	5	6	7	8	1	2	3	4	5	6	7	8
1	0	0	0	0	0	0	0	0	1	1	1	1	1	0	0	0	1	2	2	2	2	0	0	0	1	3	3	3	3
2	0	0	0	0	0	0	0	0	2	2	2	2	2	0	0	0	2	4	4	4	4	0	0	0	2	6	6	6	7
3	0	0	0	0	0	0	0	0	3	3	3	3	3	0	0	0	3	6	6	6	7	0	0	0	4	0	0	0	0
4	0	0	0	0	0	0	0	0	4	4	4	4	4	0	0	0	4	8	8	8	9	0	0	0	5	3	3	3	3
5	0	0	0	6	0	0	0	0	5	5	5	5	6	0	0	0	6	1	1	1	1	0	0	0	6	6	6	6	7
6	0	0	0	0	0	0	0	0	6	6	6	6	7	0	0	0	7	3	3	3	3	0	0	0	8	0	0	0	0
7	0	0	0	0	0	0	0	0	7	7	7	7	8	0	0	0	8	5	5	5	5	0	0	0	9	3	3	3	3
8	0	0	0	0	0	0	0	0	8	8	8	8	9	0	0	0	9	7	7	7	8	0	0	1	0	6	6	6	7
9	0	0	0	0	0	0	0	1	0	0	0	0	0	0	0	1	1	0	0	0	0	0	0	1	2	0	0	0	0

TABLE D'INTÉRÊTS SIMPLES.

A 4 pour 0/0 par an, ou 1/3 par mois, pendant :

SOMMES PLACÉES.						13 JOURS.								14 JOURS.								15 JOURS.							
1	2	3	4	5	6	1	2	3	4	5	6	7	8	1	2	3	4	5	6	7	8	1	2	3	4	5	6	7	8
1	0	0	0	0	0	0	0	0	1	4	4	4	4	0	0	0	1	5	5	5	6	0	0	0	1	6	6	6	7
2	0	0	0	0	0	0	0	0	2	8	8	8	9	0	0	0	3	1	1	1	1	0	0	0	3	3	3	3	3
3	0	0	0	0	0	0	0	0	4	3	3	3	3	0	0	0	4	6	6	6	7	0	0	0	5	0	0	0	0
4	0	0	0	0	0	0	0	0	5	7	7	7	8	0	0	0	6	2	2	2	2	0	0	0	6	6	6	6	7
5	0	0	0	0	0	0	0	0	7	2	2	2	2	0	0	0	7	7	7	7	8	0	0	0	8	3	3	3	3
6	0	0	0	0	0	0	0	0	8	6	6	6	7	0	0	0	9	3	3	3	3	0	0	1	0	0	0	0	0
7	0	0	0	0	0	0	0	1	0	1	1	1	1	0	0	1	0	8	8	8	9	0	0	1	1	6	6	6	7
8	0	0	0	0	0	0	0	1	1	5	5	5	6	0	0	1	2	4	4	4	4	0	0	1	3	3	3	3	3
9	0	0	0	0	0	0	0	1	3	0	0	0	0	0	0	1	4	0	0	0	0	0	0	1	5	0	0	0	0

A 4 pour 0/0 par an, ou 1/3 par mois, pendant :

SOMMES PLACÉES.						16 JOURS.								17 JOURS.								18 JOURS.							
1	2	3	4	5	6	1	2	3	4	5	6	7	8	1	2	3	4	5	6	7	8	1	2	3	4	5	6	7	8
1	0	0	0	0	0	0	0	0	1	7	7	7	8	0	0	0	1	8	8	8	9	0	0	0	2	0	0	0	0
2	0	0	0	0	0	0	0	0	3	5	5	5	5	0	0	0	3	7	7	7	8	0	0	0	4	0	0	0	0
3	0	0	0	0	0	0	0	0	5	3	3	3	3	0	0	0	5	6	6	6	7	0	0	0	6	0	0	0	0
4	0	0	0	0	0	0	0	0	7	1	1	1	1	0	0	0	7	5	5	5	6	0	0	0	8	0	0	0	0
5	0	0	0	0	0	0	0	0	8	8	8	8	9	0	0	0	9	4	4	4	4	0	0	1	0	0	0	0	0
6	0	0	0	0	0	0	0	1	0	6	6	6	7	0	0	1	1	3	3	3	3	0	0	1	2	0	0	0	0
7	0	0	0	0	0	0	0	1	2	4	4	4	4	0	0	1	3	2	2	2	2	0	0	1	4	0	0	0	0
8	0	0	0	0	0	0	0	1	4	2	2	2	2	0	0	1	5	1	1	1	1	0	0	1	6	0	0	0	0
9	0	0	0	0	0	0	0	1	6	0	0	0	0	0	0	1	7	0	0	0	0	0	0	1	8	0	0	0	0

TABLE D'INTÉRÊTS SIMPLES.

A 4 pour 0/0 par an, ou 1/3 par mois, pendant :

19 jours.

SOMMES PLACÉES.						1	2	3	4	5	6	7	8
1	0	0	0	0	0	0	0	0	2	1	1	1	1
2	0	0	0	0	0	0	0	0	4	2	2	2	2
3	0	0	0	0	0	0	0	0	6	3	3	3	3
4	0	0	0	0	0	0	0	0	8	4	4	4	4
5	0	0	0	0	0	0	0	1	0	5	5	5	5
6	0	0	0	0	0	0	0	0	2	6	6	6	7
7	0	0	0	0	0	0	0	0	4	7	7	7	8
8	0	0	0	0	0	0	0	1	6	8	8	8	9
9	0	0	0	0	0	0	0	1	9	0	0	0	0

20 jours.

SOMMES PLACÉES.						1	2	3	4	5	6	7	8
1	0	0	0	0	0	0	0	0	2	2	2	2	2
2	0	0	0	0	0	0	0	0	4	4	4	4	4
3	0	0	0	0	0	0	0	0	6	6	6	6	7
4	0	0	0	0	0	0	0	0	8	8	8	8	9
5	0	0	0	0	0	0	0	1	1	1	1	1	1
6	0	0	0	0	0	0	0	1	3	3	3	3	3
7	0	0	0	0	0	0	0	1	5	5	5	5	6
8	0	0	0	0	0	0	0	1	7	7	7	7	8
9	0	0	0	0	0	0	0	2	0	0	0	0	0

21 jours.

SOMMES PLACÉES.						1	2	3	4	5	6	7	8
1	0	0	0	0	0	0	0	0	2	3	3	3	3
2	0	0	0	0	0	0	0	0	4	6	6	6	7
3	0	0	0	0	0	0	0	0	7	0	0	0	0
4	0	0	0	0	0	0	0	0	9	3	3	3	3
5	0	0	0	0	0	0	0	1	1	6	6	6	7
6	0	0	0	0	0	0	0	1	4	0	0	0	0
7	0	0	0	0	0	0	0	1	6	3	3	3	3
8	0	0	0	0	0	0	0	1	8	6	6	6	7
9	0	0	0	0	0	0	0	2	1	0	0	0	0

A 4 pour 0/0 par an, ou 1/3 par mois, pendant :

22 jours.

SOMMES PLACÉES.						1	2	3	4	5	6	7	8
1	0	0	0	0	0	0	0	0	2	4	4	4	4
2	0	0	0	0	0	0	0	0	4	8	8	8	9
3	0	0	0	0	0	0	0	0	7	3	3	3	3
4	0	0	0	0	0	0	0	0	9	7	7	7	8
5	0	0	0	6	0	0	0	1	2	2	2	2	2
6	0	0	0	0	0	0	0	1	4	6	6	6	7
7	0	0	0	0	0	0	0	1	7	1	1	1	1
8	0	0	0	0	0	0	0	1	9	5	5	5	6
9	0	0	0	0	0	0	0	2	2	0	0	0	0

23 jours.

SOMMES PLACÉES.						1	2	3	4	5	6	7	8
1	0	0	0	0	0	0	0	0	2	5	5	5	5
2	0	0	0	0	0	0	0	0	5	1	1	1	1
3	0	0	0	0	0	0	0	0	7	6	6	6	7
4	0	0	0	0	0	0	0	1	0	2	2	2	2
5	0	0	0	6	0	0	0	1	2	7	7	7	8
6	0	0	0	0	0	0	0	1	5	3	3	3	3
7	0	0	0	0	0	0	0	1	7	8	8	8	9
8	0	0	0	0	0	0	0	2	0	4	4	4	4
9	0	0	0	0	0	0	0	2	3	0	0	0	0

24 jours.

SOMMES PLACÉES.						1	2	3	4	5	6	7	8
1	0	0	0	0	0	0	0	0	2	6	6	6	7
2	0	0	0	0	0	0	0	0	5	3	3	3	3
3	0	0	0	0	0	0	0	0	8	0	0	0	0
4	0	0	0	0	0	0	0	1	0	6	6	6	7
5	0	0	0	6	0	0	0	1	3	3	3	3	3
6	0	0	0	0	0	0	0	1	6	0	0	0	0
7	0	0	0	0	0	0	0	1	8	6	6	6	7
8	0	0	0	0	0	0	0	2	1	3	3	3	3
9	0	0	0	0	0	0	0	2	4	0	0	0	0

TABLE D'INTÉRÊTS SIMPLES.

SOMMES PAYÉES. — A 4 pour 0/0 par an, ou 1/3 par mois, pendant :

SOMMES PAYÉES						25 JOURS.								26 JOURS.								27 JOURS.							
1	2	3	4	5	6	1	2	3	4	5	6	7	8	1	2	3	4	5	6	7	8	1	2	3	4	5	6	7	8
I	0	0	0	0	0	0	0	0	2	7	7	7	8	0	0	0	2	8	8	8	9	0	0	0	3	0	0	0	0
2	0	0	0	0	0	0	0	0	5	5	5	5	6	0	0	0	5	7	7	7	8	0	0	0	6	0	0	0	0
3	0	0	0	0	0	0	0	0	8	3	3	3	3	0	0	0	8	6	6	6	7	0	0	0	9	0	0	0	0
4	0	0	0	0	0	0	0	I	I	I	I	I	I	0	0	I	I	5	5	5	6	0	0	I	2	0	0	0	0
5	0	0	0	0	0	0	0	I	3	8	8	8	9	0	0	I	4	4	4	4	4	0	0	I	5	0	0	0	0
6	0	0	0	0	0	0	0	I	6	6	6	6	7	0	0	I	7	3	3	3	3	0	0	I	8	0	0	0	0
7	0	0	0	0	0	0	0	I	9	4	4	4	4	0	0	2	0	2	2	2	2	0	0	2	I	0	0	0	0
8	0	0	0	0	0	0	0	2	2	2	2	2	2	0	0	2	3	I	I	I	I	0	0	2	4	0	0	0	0
9	0	0	0	0	0	0	0	2	5	0	0	0	0	0	0	2	6	0	0	0	6	0	0	2	7	0	0	0	0

SOMMES PLACÉES. — A 4 pour 0/0 par an, ou 1/3 par mois, pendant :

SOMMES PLACÉES						28 JOURS.								29 JOURS.								30 JOURS.							
1	2	3	4	5	6	1	2	3	4	5	6	7	8	1	2	3	4	5	6	7	8	1	2	3	4	5	6	7	8
I	0	0	0	0	0	0	0	0	3	I	I	I	I	0	0	0	3	2	2	2	2								
2	0	0	0	0	0	0	0	0	6	2	2	2	2	0	0	0	6	4	4	4	4								
3	0	0	0	0	0	0	0	0	9	3	3	3	3	0	0	0	9	6	6	6	7								
4	0	0	0	0	0	0	0	I	2	4	4	4	4	0	0	I	2	8	8	8	9*								
5	0	0	0	0	0	0	0	I	5	5	5	5	5	0	0	I	6	I	I	I	I			Voir la Table des mois.					
6	0	0	0	0	0	0	0	I	8	6	6	6	7	0	0	I	9	3	3	3	3								
7	0	0	0	0	0	0	0	2	I	7	7	7	8	0	0	2	2	5	5	5	6								
8	0	0	0	0	0	0	0	2	4	8	8	8	9	0	0	2	5	7	7	7	8								
9	0	0	0	0	0	0	0	2	8	0	0	0	0	0	0	2	9	0	0	0	0								

TABLE D'INTÉRÊTS SIMPLES.

A 4 pour 0/0 par an, ou 1/3 par mois, pendant :

SOMMES PLACÉES.						50 JOURS.								100 JOURS.								200 JOURS.							
1	2	3	4	5	6	1	2	3	4	5	6	7	8	1	2	3	4	5	6	7	8	1	2	3	4	5	6	7	8
1	0	0	0	0	0	0	0	0	5	5	5	5	5	0	0	1	1	1	1	1	1	0	0	2	2	2	2	2	2
2	0	0	0	0	0	0	0	1	1	1	1	1	1	0	0	2	2	2	2	2	2	0	0	4	4	4	4	4	4
3	0	0	0	0	0	0	0	1	6	6	6	6	7	0	0	3	3	3	3	3	3	0	0	6	6	6	6	6	7
4	0	0	0	0	0	0	0	2	2	2	2	2	2	0	0	4	4	4	4	4	4	0	0	8	8	8	8	8	9
5	0	0	0	0	0	0	0	2	7	7	7	7	8	0	0	5	5	5	5	5	5	0	1	1	1	1	1	1	1
6	0	0	0	0	0	0	0	3	3	3	3	3	3	0	0	6	6	6	6	6	7	0	1	3	3	3	3	3	3
7	0	0	0	0	0	0	0	3	8	8	8	8	9	0	0	7	7	7	7	7	8	0	1	5	5	5	5	5	6
8	0	0	0	0	0	0	0	4	4	4	4	4	4	0	0	8	8	8	8	8	9	0	1	7	7	7	7	7	8
9	0	0	0	0	0	0	0	5	0	0	0	0	0	0	1	0	0	0	0	0	0	0	2	0	0	0	0	0	0

A 4 pour 0/0 par an, ou 1/3 par mois, pendant :

SOMMES PLACÉES.						250 JOURS.								365 JOURS.								366 JOURS.							
1	2	3	4	5	6	1	2	3	4	5	6	7	8	1	2	3	4	5	6	7	8	1	2	3	4	5	6	7	8
1	0	0	0	0	0	0	0	2	7	7	7	7	8	0	0	4	0	5	5	5	6	0	0	4	0	6	6	6	7
2	0	0	0	0	0	0	0	5	5	5	5	5	5	0	0	8	1	1	1	1	1	0	0	8	1	3	3	3	3
3	0	0	0	0	0	0	0	8	3	3	3	3	3	0	1	2	1	6	6	6	7	0	1	2	2	0	0	0	0
4	0	0	0	0	0	0	1	1	1	1	1	1	1	0	1	6	1	2	2	2	2	0	1	6	2	6	6	6	7
5	0	0	0	0	0	0	1	3	8	8	8	8	9	0	2	0	2	7	7	7	8	0	2	0	3	3	3	3	3
6	0	0	0	0	0	0	1	6	6	6	6	6	7	0	2	4	3	3	3	3	3	0	2	4	4	0	0	0	0
7	0	0	0	0	0	0	1	9	4	4	4	4	4	0	2	8	3	8	8	8	9	0	2	8	4	6	6	6	7
8	0	0	0	0	0	0	2	2	2	2	2	2	2	0	3	2	4	4	4	4	4	0	3	2	5	3	3	3	3
9	0	0	0	0	0	0	2	5	0	0	0	0	0	0	3	6	5	0	0	0	0	0	3	6	6	0	0	0	0

TABLE D'INTÉRÊTS SIMPLES.

SOMMES PLACÉES.	A 5 pour 0/0 par an, pendant :		
	1 JOUR.	2 JOURS.	3 JOURS.
1 2 3 4 5 6	1 2 3 4 5 6 7 8	1 2 3 4 5 6 7 8	1 2 3 4 5 6 7 8
1 0 0 0 0 0	0 0 0 0 1 3 8 9	0 0 0 0 2 7 7 8	0 0 0 0 4 1 6 7
2 0 0 0 0 0	0 0 0 0 2 7 7 8	0 0 0 0 5 5 5 6	0 0 0 0 8 3 3 3
3 0 0 0 0 0	0 0 0 0 4 1 6 7	0 0 0 0 8 3 3 3	0 0 0 1 2 5 0 0
4 0 0 0 0 0	0 0 0 0 5 5 5 6	0 0 0 1 1 1 1 1	0 0 0 1 6 6 6 7
5 0 0 0 0 0	0 0 0 0 6 9 4 4	0 0 0 1 3 8 8 9	0 0 0 2 0 8 3 3
6 0 0 0 0 0	0 0 0 0 8 3 3 3	0 0 0 1 6 6 6 7	0 0 0 2 5 0 0 0
7 0 0 0 0 0	0 0 0 0 9 7 2 2	0 0 0 1 9 4 4 4	0 0 0 2 9 1 6 7
8 0 0 0 0 0	0 0 0 1 1 1 1 1	0 0 0 2 2 2 2 2	0 0 0 3 3 3 3 3
9 0 0 0 0 0	0 0 0 1 2 5 0 0	0 0 0 2 5 0 0 0	0 0 0 3 7 5 0 0

SOMMES PLACÉES.	A 5 pour 0/0 par an, pendant :		
	4 JOURS.	5 JOURS.	6 JOURS.
1 2 3 4 5 6	1 2 3 4 5 6 7 8	1 2 3 4 5 6 7 8	1 2 3 4 5 6 7 8
1 0 0 0 0 0	0 0 0 0 5 5 5 6	0 0 0 0 6 9 4 4	0 0 0 8 3 3 3 3
2 0 0 0 0 0	0 0 0 1 1 1 1 1	0 0 0 1 3 8 8 9	0 0 0 1 6 6 6 7
3 0 0 0 0 0	0 0 0 1 6 6 6 7	0 0 0 2 0 8 3 3	0 0 0 2 5 0 0 0
4 0 0 0 0 0	0 0 0 2 2 2 2 2	0 0 0 2 7 7 7 8	0 0 0 3 3 3 3 3
5 0 0 0 0 0	0 0 0 2 7 7 7 7	0 0 0 3 4 7 2 2	0 0 0 4 1 6 6 7
6 0 0 0 0 0	0 0 0 3 3 3 3 3	0 0 0 4 1 6 6 7	0 0 0 5 0 0 0 0
7 0 0 0 0 0	0 0 0 3 8 8 8 9	0 0 0 4 8 6 1 1	0 0 0 5 8 3 3 3
8 0 0 0 0 0	0 0 0 4 4 4 4 4	0 0 0 5 5 5 5 6	0 0 0 6 6 6 6 7
9 0 0 0 0 0	0 0 0 5 0 0 0 0	0 0 0 6 2 5 0 0	0 0 0 7 5 0 0 0

TABLE D'INTÉRÊTS SIMPLES.

A 5 pour 0/0 par an, pendant :

SOMMES PLACÉES.						7 JOURS.								8 JOURS.								9 JOURS.							
1	2	3	4	5	6	1	2	3	4	5	6	7	8	1	2	3	4	5	6	7	8	1	2	3	4	5	6	7	8
1	0	0	0	0	0	0	0	0	0	9	7	2	2	0	0	0	1	1	1	1	1	0	0	0	1	2	5	0	0
2	0	0	0	0	0	0	0	0	1	9	4	4	4	0	0	0	2	2	2	2	2	0	0	0	2	5	0	0	0
3	0	0	0	0	0	0	0	0	2	9	1	6	6	0	0	0	3	3	3	3	3	0	0	0	3	7	5	0	0
4	0	0	0	0	0	0	0	0	3	8	8	8	9	0	0	0	4	4	4	4	4	0	0	0	5	0	0	0	0
5	0	0	0	0	0	0	0	0	4	8	6	1	1	0	0	0	5	5	5	5	5	0	0	0	6	2	5	0	0
6	0	0	0	0	0	0	0	0	5	8	3	3	3	0	0	0	6	6	6	6	7	0	0	0	7	5	0	0	0
7	0	0	0	0	0	0	0	0	6	8	0	5	5	0	0	0	7	7	7	7	8	0	0	0	8	7	5	0	0
8	0	0	0	0	0	0	0	0	7	7	7	7	8	0	0	0	8	8	8	8	9	0	0	1	0	0	0	0	0
9	0	0	0	0	0	0	0	0	8	7	5	0	0	0	0	1	0	0	0	0	0	0	0	1	1	2	5	0	0

A 5 pour 0/0 par an, pendant :

SOMMES PLACÉES.						10 JOURS.								11 JOURS.								12 JOURS.							
1	2	3	4	5	6	1	2	3	4	5	6	7	8	1	2	3	4	5	6	7	8	1	2	3	4	5	6	7	8
1	0	0	0	0	0	0	0	0	1	3	8	8	9	0	0	0	1	5	2	7	8	0	0	0	1	6	6	6	7
2	0	0	0	0	0	0	0	0	2	7	7	7	8	0	0	0	3	0	5	5	5	0	0	0	3	3	3	3	3
3	0	0	0	0	0	0	0	0	4	1	6	6	7	0	0	0	4	5	8	3	3	0	0	0	5	0	0	0	0
4	0	0	0	0	0	0	0	0	5	5	5	5	6	0	0	0	6	1	1	1	1	0	0	0	6	6	6	6	7
5	0	0	0	6	0	0	0	0	6	9	4	4	4	0	0	0	7	6	3	8	9	0	0	0	8	3	3	3	3
6	0	0	0	0	0	0	0	0	8	3	3	3	3	0	0	0	9	1	6	6	7	0	0	1	0	0	0	0	0
7	0	0	0	0	0	0	0	0	9	7	2	2	2	0	0	1	0	6	9	4	4	0	0	1	1	6	6	6	7
8	0	0	0	0	0	0	0	1	1	1	1	1	1	0	0	1	2	2	2	2	2	0	0	1	3	3	3	3	3
9	0	0	0	0	0	0	0	1	2	5	0	0	0	0	0	1	3	7	5	0	0	0	0	1	5	0	0	0	0

TABLE D'INTÉRÊTS SIMPLES.

SOMMES PLACÉES.						A 5 pour 0/0 par an, pendant :																				
						13 JOURS.								14 JOURS.								15 JOURS.							
1	2	3	4	5	6	1	2	3	4	5	6	7	8	1	2	3	4	5	6	7	8	1	2	3	4	5	6	7	8
1	0	0	0	0	0	0	0	0	I	8	0	5	5	0	0	0	I	9	4	4	4	0	0	0	2	0	8	3	3
2	0	0	0	0	0	0	0	0	3	6	I	I	I	0	0	0	3	8	8	8	9	0	0	0	4	I	6	6	7
3	0	0	0	0	0	0	0	0	5	4	1	6	7	0	0	0	5	8	3	3	3	0	0	0	6	2	5	0	0
4	0	0	0	0	0	0	0	0	7	2	2	2	2	0	0	0	7	7	7	7	8	0	0	0	8	3	3	3	3
5	0	0	0	0	0	0	0	0	9	0	2	7	7	0	0	0	9	7	2	2	2	0	0	I	0	4	I	6	7
6	0	0	0	0	0	0	0	I	0	8	3	3	3	0	0	I	I	6	6	6	7	0	0	I	2	5	0	0	0
7	0	0	0	0	0	0	0	I	2	6	3	8	9	0	0	I	3	6	I	I	1	0	0	I	4	5	8	3	3
8	0	0	0	0	0	0	0	I	4	4	4	4	4	0	0	I	5	5	5	5	5	0	0	I	6	6	6	6	7
9	0	0	0	0	0	0	0	I	6	2	5	0	0	0	0	I	7	5	0	0	0	0	0	I	8	7	5	0	0

SOMMES PLACÉES.						A 5 pour 0/0 par an, pendant :																				
						16 JOURS.								17 JOURS.								18 JOURS.							
1	2	3	4	5	6	1	2	3	4	5	6	7	8	1	2	3	4	5	6	7	8	1	2	3	4	5	6	7	8
1	0	0	0	0	0	0	0	0	2	2	2	2	2	0	0	0	2	3	6	I	I	0	0	0	2	5	0	0	0
2	0	0	0	0	0	0	0	0	4	4	4	4	4	0	0	0	4	7	2	2	2	0	0	0	5	0	0	0	0
3	0	0	0	0	0	0	0	0	6	6	6	6	7	0	0	0	7	0	8	3	3	0	0	0	7	5	0	0	0
4	0	0	0	0	0	0	0	0	8	8	8	8	9	0	0	0	9	4	4	4	4	0	0	I	0	0	0	0	0
5	0	0	0	0	0	0	0	I	I	I	I	I	I	0	0	I	I	8	0	5	5	0	0	I	2	5	0	0	0
6	0	0	0	0	0	0	0	I	3	3	3	3	3	0	0	I	4	I	6	6	7	0	0	I	5	0	0	0	0
7	0	0	0	0	0	0	0	I	5	5	5	5	5	0	0	I	6	5	2	7	8	0	0	I	7	5	0	0	0
8	0	0	0	0	0	0	0	I	7	7	7	7	8	0	0	I	8	8	8	8	9	0	0	2	0	0	0	0	0
9	0	0	0	0	0	0	0	2	0	0	0	0	0	0	0	2	1	2	5	0	0	0	0	2	2	5	0	0	0

TABLE D'INTÉRÊTS SIMPLES.

A 5 pour 0/0 par an, pendant :

SOMMES PLACÉES.						19 JOURS.								20 JOURS.								21 JOURS.							
1	2	3	4	5	6	1	2	3	4	5	6	7	8	1	2	3	4	5	6	7	8	1	2	3	4	5	6	7	8
1	0	0	0	0	0	0	0	0	2	6	3	8	9	0	0	0	2	7	7	7	8	0	0	0	2	9	1	6	7
2	0	0	0	0	0	0	0	0	5	2	7	7	8	0	0	0	5	5	5	5	6	0	0	0	5	8	3	3	3
3	0	0	0	0	0	0	0	0	7	9	1	6	7	0	0	0	8	3	3	3	3	0	0	0	8	7	5	0	0
4	0	0	0	0	0	0	0	1	0	5	5	5	6	0	0	1	1	1	1	1	1	0	0	1	1	6	6	6	7
5	0	0	0	0	0	0	0	1	3	1	9	4	4	0	0	1	3	8	8	8	9	0	0	1	4	5	8	3	3
6	0	0	0	0	0	0	0	1	5	8	3	3	3	0	0	1	6	6	6	6	7	0	0	1	7	5	0	0	0
7	0	0	0	0	0	0	0	1	8	4	7	2	2	0	0	1	9	4	4	4	4	0	0	2	0	4	1	6	7
8	0	0	0	0	0	0	0	2	1	1	1	1	1	0	0	2	2	2	2	2	2	0	0	2	3	3	3	3	3
9	0	0	0	0	0	0	0	2	3	7	5	0	0	0	0	2	5	0	0	0	0	0	0	2	6	2	5	0	0

A 5 pour 0/0 par an, pendant :

SOMMES PLACÉES.						22 JOURS.								23 JOURS.								24 JOURS.							
1	2	3	4	5	6	1	2	3	4	5	6	7	8	1	2	3	4	5	6	7	8	1	2	3	4	5	6	7	8
1	0	0	0	0	0	0	0	0	3	0	5	5	5	0	0	0	3	1	9	4	4	0	0	0	3	3	3	3	3
2	0	0	0	0	0	0	0	0	6	1	1	1	1	0	0	0	6	3	8	8	8	0	0	0	6	6	6	6	7
3	0	0	0	0	0	0	0	0	9	1	6	6	7	0	0	0	9	5	8	3	3	0	0	1	0	0	0	0	0
4	0	0	0	0	0	0	0	1	2	2	2	2	2	0	0	1	2	7	7	7	8	0	0	1	3	3	3	3	3
5	0	0	0	0	0	0	0	1	5	2	7	7	8	0	0	1	5	9	7	2	2	0	0	1	6	6	6	6	7
6	0	0	0	0	0	0	0	1	8	3	3	3	3	0	0	1	9	1	6	6	7	0	0	2	0	0	0	0	0
7	0	0	0	0	0	0	0	2	1	3	8	8	9	0	0	2	2	3	6	1	1	0	0	2	3	3	3	3	3
8	0	0	0	0	0	0	0	2	4	4	4	4	4	0	0	2	5	5	5	5	6	0	0	2	6	6	6	6	7
9	0	0	0	0	0	0	0	2	7	5	0	0	0	0	0	2	8	7	5	0	0	0	0	3	0	0	0	0	0

TABLE D'INTÉRÊTS SIMPLES.

SOMMES PLACÉES.						A 5 pour 0/0 par an, pendant :																				
						25 JOURS.								26 JOURS.								27 JOURS.					
1	2	3	4	5	6	1	2	3	4	5	6	7	8	1	2	3	4	5	6	7	8	1	2	3	4	5	6	7	8
1	0	0	0	0	0	0	0	0	3	4	7	2	2	0	0	0	3	6	1	1	1	0	0	0	3	7	5	0	0
2	0	0	0	0	0	0	0	0	6	9	4	4	4	0	0	0	7	2	2	2	2	0	0	0	7	5	0	0	0
3	0	0	0	0	0	0	0	1	0	4	1	6	7	0	0	1	0	8	3	3	3	0	0	1	1	2	5	0	0
4	0	0	0	0	0	0	0	1	3	8	8	8	9	0	0	1	4	4	4	4	4	0	0	1	5	0	0	0	0
5	0	0	0	0	0	0	0	1	7	3	6	1	1	0	0	1	8	0	5	5	5	0	0	1	8	7	5	0	0
6	0	0	0	0	0	0	0	2	0	8	3	3	3	0	0	2	1	6	6	6	7	0	0	2	2	5	0	0	0
7	0	0	0	0	0	0	0	2	4	3	0	5	5	0	0	2	5	2	7	7	8	0	0	2	6	2	5	0	0
8	0	0	0	0	0	0	0	2	7	7	7	7	8	0	0	2	8	8	8	8	9	0	0	3	0	0	0	0	0
9	0	0	0	0	0	0	0	3	1	2	5	0	0	0	0	3	2	5	0	0	0	0	0	3	3	7	5	0	0

SOMMES PLACÉES.						A 5 pour 0/0 par an, pendant :																				
						28 JOURS.								29 JOURS.								30 JOURS.				
1	2	3	4	5	6	1	2	3	4	5	6	7	8	1	2	3	4	5	6	7	8	1	2	3	4	5	6	7	8
1	0	0	0	0	0	0	0	0	3	8	8	8	9	0	0	0	4	0	2	7	8								
2	0	0	0	0	0	0	0	0	7	7	7	7	8	0	0	0	8	0	5	5	5								
3	0	0	0	0	0	0	0	1	1	6	6	6	7	0	0	1	2	0	8	3	3								
4	0	0	0	0	0	0	0	1	5	5	5	5	6	0	0	1	6	1	1	1	1								
5	0	0	0	0	0	0	0	1	9	4	4	4	4	0	0	2	0	1	3	8	9			Voir la Table des mois.					
6	0	0	0	0	0	0	0	2	3	3	3	3	3	0	0	2	4	1	6	6	7								
7	0	0	0	0	0	0	0	2	7	2	2	2	2	0	0	2	8	1	9	4	4								
8	0	0	0	0	0	0	0	3	1	1	1	1	1	0	0	3	2	2	2	2	2								
9	0	0	0	0	0	0	0	3	5	0	0	0	0	0	0	3	6	2	5	0	0								

TABLE D'INTÉRÊTS SIMPLES.

SOMMES PLACÉES.						A 5 pour 0/0 par an, pendant :																		
						50 JOURS.								100 JOURS.								200 JOURS.							
1	2	3	4	5	6	1	2	3	4	5	6	7	8	1	2	3	4	5	6	7	8	1	2	3	4	5	6	7	8
1	0	0	0	0	0	0	0	0	6	9	4	4	4	0	0	1	3	8	8	8	9	0	0	2	7	7	7	7	8
2	0	0	0	0	0	0	0	1	3	8	8	8	9	0	0	2	7	7	7	7	8	0	0	5	5	5	5	5	5
3	0	0	0	0	0	0	0	2	0	8	3	3	3	0	0	4	1	6	6	6	7	0	0	8	3	3	3	3	3
4	0	0	0	0	0	0	0	2	7	7	7	7	8	0	0	5	5	5	5	5	5	0	1	1	1	1	1	1	1
5	0	0	0	0	0	0	0	3	4	7	2	2	2	0	0	6	9	4	4	4	4	0	3	8	8	8	8	8	9
6	0	0	0	0	0	0	0	4	1	6	6	6	7	0	0	8	3	3	3	3	3	0	1	6	6	6	6	6	7
7	0	0	0	0	0	0	0	4	8	6	1	1	1	0	0	9	7	2	2	2	2	0	1	9	4	4	4	4	4
8	0	0	0	0	0	0	0	5	5	5	5	5	5	0	1	1	1	1	1	1	1	0	2	2	2	2	2	2	2
9	0	0	0	0	0	0	0	6	2	5	0	0	0	0	1	2	5	0	0	0	0	0	2	5	0	0	0	0	0

SOMMES PLACÉES.						A 5 pour 0/0 par an, pendant :																		
						250 JOURS.								365 JOURS.								366 JOURS.							
1	2	3	4	5	6	1	2	3	4	5	6	7	8	1	2	3	4	5	6	7	8	1	2	3	4	5	6	7	8
1	0	0	0	0	0	0	0	3	4	7	2	2	2	0	0	5	0	6	9	4	4	0	0	5	0	8	3	3	3
2	0	0	0	0	0	0	0	6	9	4	4	4	4	0	1	0	1	3	8	8	9	0	1	0	1	6	6	6	7
3	0	0	0	0	0	0	1	0	4	1	6	6	7	0	1	5	2	0	8	3	3	0	1	5	2	5	0	0	0
4	0	0	0	0	0	0	1	3	8	8	8	8	9	0	2	0	2	7	7	7	8	0	2	0	3	3	3	3	3
5	0	0	0	6	0	0	1	7	3	6	1	1	1	0	2	5	3	4	7	2	2	0	2	5	4	1	6	6	7
6	0	0	0	0	0	0	2	0	8	3	3	3	3	0	3	0	4	1	6	6	7	0	3	0	5	0	0	0	0
7	0	0	0	0	0	0	2	4	3	0	5	5	5	0	3	5	4	8	6	1	1	0	3	5	5	8	3	3	3
8	0	0	0	0	0	0	2	7	7	7	7	7	8	0	4	0	5	5	5	5	6	0	4	0	6	6	6	6	7
9	0	0	0	0	0	0	3	1.	2	5	0	0	0	0	4	5	6	2	5	0	0	0	4	5	7	5	0	0	0

TABLE D'INTÉRÊTS SIMPLES.

SOMMES PLACÉES.						A 6 pour 0/0 par an, ou 1/2 pour 0/0 par mois, pendant :																				
						1 JOUR.								2 JOURS.								3 JOURS.							
1	2	3	4	5	6	1	2	3	4	5	6	7	8	1	2	3	4	5	6	7	8	1	2	3	4	5	6	7	8
1	0	0	0	0	0	0	0	0	0	1	6	6	7	0	0	0	0	3	3	3	3	0	0	0	0	5	0	0	0
2	0	0	0	0	0	0	0	0	0	3	3	3	3	0	0	0	0	6	6	6	7	0	0	0	1	0	0	0	0
3	0	0	0	0	0	0	0	0	0	5	0	0	0	0	0	0	1	0	0	0	0	0	0	0	1	5	0	0	0
4	0	0	0	0	0	0	0	0	0	6	6	6	7	0	0	0	1	3	3	3	3	0	0	0	2	0	0	0	0
5	0	0	0	0	0	0	0	0	0	8	3	3	3	0	0	0	1	6	6	6	7	0	0	0	2	5	0	0	0
6	0	0	0	0	0	0	0	0	1	0	0	0	0	0	0	0	2	0	0	0	0	0	0	0	3	0	0	0	0
7	0	0	0	0	0	0	0	0	1	1	6	6	7	0	0	0	2	3	3	3	3	0	0	0	3	5	0	0	0
8	0	0	0	0	0	0	0	0	1	3	3	3	3	0	0	0	2	6	6	6	7	0	0	0	4	0	0	0	0
9	0	0	0	0	0	0	0	0	1	5	0	0	0	0	0	0	3	0	0	0	0	0	0	0	4	5	0	0	0

SOMMES PLACÉES.						A 6 pour 0/0 par an, ou 1/2 pour 0/0 par mois, pendant :																				
						4 JOURS.								5 JOURS.								6 JOURS.							
1	2	3	4	5	6	1	2	3	4	5	6	7	8	1	2	3	4	5	6	7	8	1	2	3	4	5	6	7	8
1	0	0	0	0	0	0	0	0	0	6	6	6	7	0	0	0	0	8	3	3	3	0	0	0	1	0	0	0	0
2	0	0	0	0	0	0	0	0	1	3	3	3	3	0	0	0	1	6	6	6	7	0	0	0	2	0	0	0	0
3	0	0	0	0	0	0	0	0	2	0	0	0	0	0	0	0	2	5	0	0	0	0	0	0	3	0	0	0	0
4	0	0	0	0	0	0	0	0	2	6	6	6	7	0	0	0	3	3	3	3	3	0	0	0	4	0	0	0	0
5	0	0	0	0	0	0	0	0	3	3	3	3	3	0	0	0	4	1	6	6	7	0	0	0	5	0	0	0	0
6	0	0	0	0	0	0	0	0	4	0	0	0	0	0	0	0	5	0	0	0	0	0	0	0	6	0	0	0	0
7	0	0	0	0	0	0	0	0	4	6	6	6	7	0	0	0	5	8	3	3	3	0	0	0	7	0	0	0	0
8	0	0	0	0	0	0	0	0	5	3	3	3	3	0	0	0	6	6	6	6	7	0	0	0	8	0	0	0	0
9	0	0	0	0	0	0	0	0	6	0	0	0	0	0	0	0	7	5	0	0	0	0	0	0	9	0	0	0	0

TABLE D'INTÉRÊTS SIMPLES.

SOMMES PLACÉES.	A 6 pour 0/0 par an, ou 1/2 pour 0/0 par mois, pendant :		
	7 JOURS.	8 JOURS.	9 JOURS.
1 2 3 4 5 6	1 2 3 4 5 6 7 8	1 2 3 4 5 6 7 8	1 2 3 4 5 6 7 8
1 0 0 0 0 0	0 0 0 1 1 6 6 7	0 0 0 1 3 3 3 3	0 0 0 1 5 0 0 0
2 0 0 0 0 0	0 0 0 2 3 3 3 3	0 0 0 2 6 6 6 7	0 0 0 3 0 0 0 0
3 0 0 0 0 0	0 0 0 3 5 0 0 0	0 0 0 4 0 0 0 0	0 0 0 4 5 0 0 0
4 0 0 0 0 0	0 0 0 4 6 6 6 7	0 0 0 5 3 3 3 3	0 0 0 6 0 0 0 0
5 0 0 0 0 0	0 0 0 5 8 3 3 3	0 0 0 6 6 6 6 7	0 0 0 7 5 0 0 0
6 0 0 0 0 0	0 0 0 7 0 0 0 0	0 0 0 8 0 0 0 0	0 0 0 9 0 0 0 0
7 0 0 0 0 0	0 0 0 8 1 6 6 7	0 0 0 9 3 3 3 3	0 0 1 0 5 0 0 0
8 0 0 0 0 0	0 0 0 9 3 3 3 3	0 0 1 0 6 6 6 7	0 0 1 2 0 0 0 0
9 0 0 0 0 0	0 0 1 0 5 0 0 0	0 0 1 2 0 0 0 0	0 0 1 3 5 0 0 0

SOMMES PLACÉES.	A 6 pour 0/0 par an, ou 1/2 pour 0/0 par mois, pendant :		
	10 JOURS.	11 JOURS.	12 JOURS.
1 2 3 4 5 6	1 2 3 4 5 6 7 8	1 2 3 4 5 6 7 8	1 2 3 4 5 6 7 8
1 0 0 0 0 0	0 0 0 1 6 6 6 7	0 0 0 1 8 3 3 3	0 0 0 2 0 0 0 0
2 0 0 0 0 0	0 0 0 3 3 3 3 3	0 0 0 3 6 6 6 7	0 0 0 4 0 0 0 0
3 0 0 0 0 0	0 0 0 5 0 0 0 0	0 0 0 5 5 0 0 0	0 0 0 6 0 0 0 0
4 0 0 0 0 0	0 0 0 6 6 6 6 7	0 0 0 7 3 3 3 3	0 0 0 8 0 0 0 0
5 0 0 0 0 0	0 0 0 8 3 3 3 3	0 0 0 9 1 6 6 7	0 0 1 0 0 0 0 0
6 0 0 0 0 0	0 0 1 0 0 0 0 0	0 0 1 1 0 0 0 0	0 0 1 2 0 0 0 0
7 0 0 0 0 0	0 0 1 1 6 6 6 7	0 0 1 2 8 3 3 3	0 0 1 4 0 0 0 0
8 0 0 0 0 0	0 0 1 3 3 3 3 3	0 0 1 4 6 6 6 7	0 0 1 6 0 0 0 0
9 0 0 0 0 0	0 0 1 5 0 0 0 0	0 0 1 6 5 0 0 0	0 0 1 8 0 0 0 0

TABLE D'INTÉRÊTS SIMPLES.

SOMMES PLACÉES.						A 6 pour 0/0 par an, ou 1/2 p. 0/0 par mois, pendant :																	
						13 JOURS.								14 JOURS.								15 JOURS.	
1	2	3	4	5	6	1	2	3	4	5	6	7	8	1	2	3	4	5	6	7	8	1	2	3	4	5	6	7	8
1	0	0	0	0	0	0	0	0	2	1	6	6	7	0	0	0	2	3	3	3	3	0	0	0	2	5	0	0	0
2	0	0	0	0	0	0	0	0	4	3	3	3	3	0	0	0	4	6	6	6	7	0	0	0	5	0	0	0	0
3	0	0	0	0	0	0	0	0	6	5	0	0	0	0	0	0	7	0	0	0	0	0	0	0	7	5	0	0	0
4	0	0	0	0	0	0	0	0	8	6	6	6	7	0	0	0	9	3	3	3	3	0	0	1	0	0	0	0	0
5	0	0	0	0	0	0	0	1	0	8	3	3	3	0	0	1	1	6	6	6	7	0	0	1	2	5	0	0	0
6	0	0	0	0	0	0	0	1	3	0	0	0	0	0	0	1	4	0	0	0	0	0	0	1	5	0	0	0	0
7	0	0	0	0	0	0	0	1	5	1	6	6	7	0	0	1	6	3	3	3	3	0	0	1	7	5	0	0	0
8	0	0	0	0	0	0	0	1	7	3	3	3	3	0	0	1	8	6	6	6	7	0	0	2	0	0	0	0	0
9	0	0	0	0	0	0	0	1	9	5	0	0	0	0	0	2	1	0	0	0	0	0	0	2	2	5	0	0	0

SOMMES PLACÉES.						A 6 pour 0/0 par an, ou 1/2 p. 0/0 par mois, pendant :																	
						16 JOURS.								17 JOURS.								18 JOURS.	
1	2	3	4	5	6	1	2	3	4	5	6	7	8	1	2	3	4	5	6	7	8	1	2	3	4	5	6	7	8
1	0	0	0	0	0	0	0	0	2	6	6	6	7	0	0	0	2	8	3	3	3	0	0	0	3	0	0	0	0
2	0	0	0	0	0	0	0	0	5	3	3	3	3	0	0	0	5	6	6	6	7	0	0	0	6	0	0	0	0
3	0	0	0	0	0	0	0	0	8	0	0	0	0	0	0	0	8	5	0	0	0	0	0	0	9	0	0	0	0
4	0	0	0	0	0	0	0	1	0	6	6	6	7	0	0	1	1	3	3	3	3	0	0	1	2	0	0	0	0
5	0	0	0	0	0	0	0	1	3	3	3	3	3	0	0	1	4	1	6	6	7	0	0	1	5	0	0	0	0
6	0	0	0	0	0	0	0	1	6	0	0	0	0	0	0	1	7	0	0	0	0	0	0	1	8	0	0	0	0
7	0	0	0	0	0	0	0	1	8	6	6	6	7	0	0	1	9	8	3	3	3	0	0	2	1	0	0	0	0
8	0	0	0	0	0	0	0	2	1	3	3	3	3	0	0	2	2	6	6	6	7	0	0	2	4	0	0	0	0
9	0	0	0	0	0	0	0	2	4	0	0	0	0	0	0	2	5	5	0	0	0	0	0	2	7	0	0	0	0

TABLE D'INTÉRÊTS SIMPLES.

SOMMES PLACÉES.						A 6 pour 0/0 par an, ou 1/2 p. 0/0 par mois, pendant :																	
						19 JOURS.								20 JOURS.								21 JOURS.	
1	2	3	4	5	6	1	2	3	4	5	6	7	8	1	2	3	4	5	6	7	8	1	2	3	4	5	6	7	8
1	0	0	0	0	0	0	0	0	3	1	6	6	7	0	0	0	3	3	3	3	3	0	0	0	3	5	0	0	0
2	0	0	0	0	0	0	0	0	6	3	3	3	3	0	0	0	6	6	6	6	7	0	0	0	7	0	0	0	0
3	0	0	0	0	0	0	0	0	9	5	0	0	0	0	0	1	0	0	0	0	0	0	0	1	0	5	0	0	0
4	0	0	0	0	0	0	0	1	2	6	6	6	7	0	0	1	3	3	3	3	3	0	0	1	4	0	0	0	0
5	0	0	0	0	0	0	0	1	5	8	3	3	3	0	0	1	6	6	6	6	7	0	0	1	7	5	0	0	0
6	0	0	0	0	0	0	0	1	9	0	0	0	0	0	0	2	0	0	0	0	0	0	0	2	1	0	0	0	0
7	0	0	0	0	0	0	0	2	2	1	6	6	7	0	0	2	3	3	3	3	3	0	0	2	4	5	0	0	0
8	0	0	0	0	0	0	0	2	5	3	3	3	3	0	0	2	6	6	6	6	7	0	0	2	8	0	0	0	0
9	0	0	0	0	0	0	0	2	8	5	0	0	0	0	0	3	0	0	0	0	0	0	0	3	1	5	0	0	0

SOMMES PLACÉES.						A 6 pour 0/0 par an, ou 1/2 p. 0/0 par mois, pendant :																	
						22 JOURS.								23 JOURS.								24 JOURS.	
1	2	3	4	5	6	1	2	3	4	5	6	7	8	1	2	3	4	5	6	7	8	1	2	3	4	5	6	7	8
1	0	0	0	0	0	0	0	0	3	6	6	6	7	0	0	0	3	8	3	3	3	0	0	0	4	0	0	0	0
2	0	0	0	0	0	0	0	0	7	3	3	3	3	0	0	0	7	6	6	6	7	0	0	0	8	0	0	0	0
3	0	0	0	0	0	0	0	1	1	0	0	0	0	0	0	1	1	5	0	0	0	0	0	1	2	0	0	0	0
4	0	0	0	0	0	0	0	1	4	6	6	6	7	0	0	1	5	3	3	3	3	0	0	1	6	0	0	0	0
5	0	0	0	6	0	0	0	1	8	3	3	3	3	0	0	1	9	1	6	6	7	0	0	2	0	0	0	0	0
6	0	0	0	0	0	0	0	2	2	0	0	0	0	0	0	2	3	0	0	0	0	0	0	2	4	0	0	0	0
7	0	0	0	0	0	0	0	2	5	6	6	6	7	0	0	2	6	8	3	3	3	0	0	2	8	0	0	0	0
8	0	0	0	0	0	0	0	2	9	3	3	3	3	0	0	3	0	6	6	6	7	0	0	3	2	0	0	0	0
9	0	0	0	0	0	0	0	3	3	0	0	0	0	0	0	3	4	5	0	0	0	0	0	3	6	0	0	0	0

TABLE D'INTÉRÊTS SIMPLES.

SOMMES PLACÉES.	A 6 pour 0/0 par an, ou 1/2 pour 0/0 par mois, pendant :		
	25 jours.	26 jours.	27 jours.
1 2 3 4 5 6	1 2 3 4 5 6 7 8	1 2 3 4 5 6 7 8	1 2 3 4 5 6 7 8
1 0 0 0 0 0	0 0 0 4 1 6 6 7	0 0 0 4 3 3 3 3	0 0 0 4 5 0 0 0
2 0 0 0 0 0	0 0 0 8 3 3 3 3	0 0 0 8 6 6 6 7	0 0 0 9 0 0 0 0
3 0 0 0 0 0	0 0 1 2 5 0 0 0	0 0 1 3 0 0 0 0	0 0 1 3 5 0 0 0
4 0 0 0 0 0	0 0 1 6 6 6 7	0 0 1 7 3 3 3 3	0 0 1 8 0 0 0 0
5 0 0 0 0 0	0 0 2 0 8 3 3 3	0 0 2 1 6 6 6 7	0 0 2 2 5 0 0 0
6 0 0 0 0 0	0 0 2 5 0 0 0 0	0 0 2 6 0 0 0 0	0 0 2 7 0 0 0 0
7 0 0 0 0 0	0 0 2 9 1 6 6 7	0 0 3 0 3 3 3 3	0 0 3 1 5 0 0 0
8 0 0 0 0 0	0 0 3 3 3 3 3 3	0 0 3 4 6 6 6 7	0 0 3 6 0 0 0 0
9 0 0 0 0 0	0 0 3 7 5 0 0 0	0 0 3 9 0 0 0 0	0 0 4 0 5 0 0 0

SOMMES PLACÉES.	A 6 pour 0/0 par an, ou 1/2 pour 0/0 par mois, pendant :		
	28 jours.	29 jours.	30 jours.
1 2 3 4 5 6	1 2 3 4 5 6 7 8	1 2 3 4 5 6 7 8	1 2 3 4 5 6 7 8
1 0 0 0 0 0	0 0 0 4 6 6 6 7	0 0 0 4 8 3 3 3	
2 0 0 0 0 0	0 0 0 9 3 3 3 3	0 0 0 9 6 6 6 7	
3 0 0 0 0 0	0 0 1 4 0 0 0 0	0 0 1 4 5 0 0 0	
4 0 0 0 0 0	0 0 1 8 6 6 6 7	0 0 1 9 3 3 3 3	
5 0 0 0 0 0	0 0 2 3 3 3 3 3	0 0 2 4 1 6 6 7	
6 0 0 0 0 0	0 0 2 8 0 0 0 0	0 0 2 9 0 0 0 0	
7 0 0 0 0 0	0 0 3 2 6 6 6 7	0 0 3 3 8 3 3 3	
8 0 0 0 0 0	0 0 3 7 3 3 3 3	0 0 3 8 6 6 6 7	
9 0 0 0 0 0	0 0 4 2 0 0 0 0	0 0 4 3 5 0 0 0	

Voir la Table des mois.

TABLE D'INTÉRÊTS SIMPLES.

SOMMES PLACÉES.	A 6 pour 0/0 par an, ou 1/2 pour 0/0 par mois, pendant :		
	50 JOURS.	100 JOURS.	200 JOURS.
1 2 3 4 5 6	1 2 3 4 5 6 7 8	1 2 3 4 5 6 7 8	1 2 3 4 5 6 7 8
1 0 0 0 0 0	0 0 0 8 3 3 3 3	0 0 1 6 6 6 6 7	0 0 3 3 3 3 3 3
2 0 0 0 0 0	0 0 1 6 6 6 6 7	0 0 3 3 3 3 3 3	0 0 6 6 6 6 6 7
3 0 0 0 0 0	0 0 2 5 0 0 0 0	0 0 5 0 0 0 0 0	0 1 0 0 0 0 0 0
4 0 0 0 0 0	0 0 3 3 3 3 3 3	0 0 6 6 6 6 6 7	0 1 3 3 3 3 3 3
5 0 0 0 0 0	0 0 4 1 6 6 6 7	0 0 8 3 3 3 3 3	0 1 6 6 6 6 6 7
6 0 0 0 0 0	0 0 5 0 0 0 0 0	0 1 0 0 0 0 0 0	0 2 0 0 0 0 0 0
7 0 0 0 0 0	0 0 5 8 3 3 3 3	0 1 1 6 6 6 6 7	0 2 3 3 3 3 3 3
8 0 0 0 0 0	0 0 6 6 6 6 6 7	0 1 3 3 3 3 3 3	0 2 6 6 6 6 6 7
9 0 0 0 0 0	0 0 7 5 0 0 0 0	0 1 5 0 0 0 0 0	0 3 0 0 0 0 0 0

SOMMES PLACÉES.	A 6 pour 0/0 par an, ou 1/2 pour 0/0 par mois, pendant :		
	250 JOURS.	365 JOURS.	366 JOURS.
1 2 3 4 5 6	1 2 3 4 5 6 7 8	1 2 3 4 5 6 7 8	1 2 3 4 5 6 7 8
1 0 0 0 0 0	0 0 4 1 6 6 6 7	0 0 6 0 8 3 3 3	0 0 6 1 0 0 0 0
2 0 0 0 0 0	0 0 8 3 3 3 3 3	0 1 2 1 6 6 6 7	0 1 2 2 0 0 0 0
3 0 0 0 0 0	0 1 2 5 0 0 0 0	0 1 8 2 5 0 0 0	0 1 8 3 0 0 0 0
4 0 0 0 0 0	0 1 6 6 6 6 6 7	0 2 4 3 3 3 3 3	0 2 4 4 0 0 0 0
5 0 0 0 0 0	0 2 0 8 3 3 3 3	0 3 0 4 1 6 6 7	0 3 0 5 0 0 0 0
6 0 0 0 0 0	0 2 5 0 0 0 0 0	0 3 6 5 0 0 0 0	0 3 6 6 0 0 0 0
7 0 0 0 0 0	0 2 9 1 6 6 6 7	0 4 2 5 8 3 3 3	0 4 2 7 0 0 0 0
8 0 0 0 0 0	0 3 3 3 3 3 3 3	0 4 8 6 6 6 6 7	0 4 8 8 0 0 0 0
9 0 0 0 0 0	0 3 7 5 0 0 0 0	0 5 4 7 5 0 0 0	0 5 4 9 0 0 0 0

TABLES

D'INTÉRÊTS (SIMPLES) *USUELS*,

à 3, 4, 5 et 6 p. 0/0 par an,

DE TOUTES LES SOMMES

POUR UN NOMBRE QUELCONQUE DE MOIS.

TABLE D'INTÉRÊTS SIMPLES.

SOMMES PLACÉES.						A 3 pour 0/0 par an, ou 1/4 p. 0/0 par mois, pendant :																						
						1 MOIS (30 JOURS.)								2 MOIS (60 JOURS.)								3 MOIS (90 JOURS.)							
1	2	3	4	5	6	1	2	3	4	5	6	7	8	1	2	3	4	5	6	7	8	1	2	3	4	5	6	7	8
1	0	0	0	0	0	0	0	0	2	5	0	0	0	0	0	0	5	0	0	0	0	0	0	0	7	5	0	0	0
2	0	0	0	0	0	0	0	0	5	0	0	0	0	0	0	1	0	0	0	0	0	0	0	1	5	0	0	0	0
3	0	0	0	0	0	0	0	0	7	5	0	0	0	0	0	1	5	0	0	0	0	0	0	2	2	5	0	0	0
4	0	0	0	0	0	0	0	1	0	0	0	0	0	0	0	2	0	0	0	0	0	0	0	3	0	0	0	0	0
5	0	0	0	0	0	0	0	1	2	5	0	0	0	0	0	2	5	0	0	0	0	0	0	3	7	5	0	0	0
6	0	0	0	0	0	0	0	1	5	0	0	0	0	0	0	3	0	0	0	0	0	0	0	4	5	0	0	0	0
7	0	0	0	0	0	0	0	1	7	5	0	0	0	0	0	3	5	0	0	0	0	0	0	5	2	5	0	0	0
8	0	0	0	0	0	0	0	2	0	0	0	0	0	0	0	4	0	0	0	0	0	0	0	6	0	0	0	0	0
9	0	0	0	0	0	0	0	2	2	5	0	0	0	0	0	4	5	0	0	0	0	0	0	6	7	5	0	0	0

SOMMES PLACÉES.						A 3 pour 0/0 par an, ou 1/4 p. 0/0 par mois, pendant :																						
						4 MOIS (120 JOURS.)								5 MOIS (150 JOURS.)								6 MOIS (180 JOURS.)							
1	2	3	4	5	6	1	2	3	4	5	6	7	8	1	2	3	4	5	6	7	8	1	2	3	4	5	6	7	8
1	0	0	0	0	0	0	0	1	0	0	0	0	0	0	0	1	2	5	0	0	0	0	0	1	5	0	0	0	0
2	0	0	0	0	0	0	0	2	0	0	0	0	0	0	0	2	5	0	0	0	0	0	0	3	0	0	0	0	0
3	0	0	0	0	0	0	0	3	0	0	0	0	0	0	0	3	7	5	0	0	0	0	0	4	5	0	0	0	0
4	0	0	0	0	0	0	0	4	0	0	0	0	0	0	0	5	0	0	0	0	0	0	0	6	0	0	0	0	0
5	0	0	0	6	0	0	0	5	0	0	0	0	0	0	0	6	2	5	0	0	0	0	0	7	5	0	0	0	0
6	0	0	0	0	0	0	0	6	0	0	0	0	0	0	0	7	5	0	0	0	0	0	0	9	0	0	0	0	0
7	0	0	0	0	0	0	0	7	0	0	0	0	0	0	0	8	7	5	0	0	0	0	1	0	5	0	0	0	0
8	0	0	0	0	0	0	0	8	0	0	0	0	0	0	1	0	0	0	0	0	0	0	1	2	0	0	0	0	0
9	0	0	0	0	0	0	0	9	0	0	0	0	0	0	1	1	2	5	0	0	0	0	1	3	5	0	0	0	0

TABLE D'INTÉRÊTS SIMPLES.

A 3 pour 0/0 par an, ou 1/4 p. 0/0 par mois, pendant :

SOMMES PLACÉES.						7 mois (210 jours.)								8 mois (240 jours.)								9 mois (270 jours.)							
1	2	3	4	5	6	1	2	3	4	5	6	7	8	1	2	3	4	5	6	7	8	1	2	3	4	5	6	7	8
1	0	0	0	0	0	0	0	1	7	5	0	0	0	0	0	2	0	0	0	0	0	0	0	2	2	5	0	0	0
2	0	0	0	0	0	0	0	3	5	0	0	0	0	0	0	4	0	0	0	0	0	0	0	4	5	0	0	0	0
3	0	0	0	0	0	0	0	5	2	5	0	0	0	0	0	6	0	0	0	0	0	0	0	6	7	5	0	0	0
4	0	0	0	0	0	0	0	7	0	0	0	0	0	0	0	8	0	0	0	0	0	0	0	9	0	0	0	0	0
5	0	0	0	0	0	0	0	8	7	5	0	0	0	0	1	0	0	0	0	0	0	0	1	1	2	5	0	0	0
6	0	0	0	0	0	0	1	0	5	0	0	0	0	0	1	2	0	0	0	0	0	0	1	3	5	0	0	0	0
7	0	0	0	0	0	0	1	2	2	5	0	0	0	0	1	4	0	0	0	0	0	0	1	5	7	5	0	0	0
8	0	0	0	0	0	0	1	4	0	0	0	0	0	0	1	6	0	0	0	0	0	0	1	8	0	0	0	0	0
9	0	0	0	0	0	0	1	6	7	5	0	0	0	0	1	8	0	0	0	0	0	0	2	0	2	5	0	0	0

A 3 pour 0/0 par an, ou 1/4 p. 0/0 par mois, pendant :

SOMMES PLACÉES.						10 mois (300 jours.)								11 mois (330 jours.)								12 mois (360 jours.)							
1	2	3	4	5	6	1	2	3	4	5	6	7	8	1	2	3	4	5	6	7	8	1	2	3	4	5	6	7	8
1	0	0	0	0	0	0	0	2	5	0	0	0	0	0	0	2	7	5	0	0	0	0	0	3	0	0	0	0	0
2	0	0	0	0	0	0	0	5	0	0	0	0	0	0	0	5	5	0	0	0	0	0	0	6	0	0	0	0	0
3	0	0	0	0	0	0	0	7	5	0	0	0	0	0	0	8	2	5	0	0	0	0	0	9	0	0	0	0	0
4	0	0	0	0	0	0	1	0	0	0	0	0	0	0	1	1	0	0	0	0	0	0	1	2	0	0	0	0	0
5	0	0	0	0	0	0	1	2	5	0	0	0	0	0	1	3	7	5	0	0	0	0	1	5	0	0	0	0	0
6	0	0	0	0	0	0	1	5	0	0	0	0	0	0	1	6	5	0	0	0	0	0	1	8	0	0	0	0	0
7	0	0	0	0	0	0	1	7	5	0	0	0	0	0	1	9	2	5	0	0	0	0	2	1	0	0	0	0	0
8	0	0	0	0	0	0	2	0	0	0	0	0	0	0	2	2	0	0	0	0	0	0	2	4	0	0	0	0	0
9	0	0	0	0	0	0	2	2	5	0	0	0	0	0	2	4	7	5	0	0	0	0	2	7	0	0	0	0	0

TABLE D'INTÉRÊTS SIMPLES.

A 4 pour 0/0 par an, ou 1/3 pour 0/0 par mois, pendant :

SOMMES PLACÉES.	1 MOIS (30 JOURS.)	2 MOIS (60 JOURS.)	3 MOIS (90 JOURS.)
1 2 3 4 5 6	1 2 3 4 5 6 7 8	1 2 3 4 5 6 7 8	1 2 3 4 5 6 7 8
1 0 0 0 0 0	0 0 0 3 3 3 3 3	0 0 0 6 6 6 6 7	0 0 1 0 0 0 0 0
2 0 0 0 0 0	0 0 0 6 6 6 6 7	0 0 1 3 3 3 3 3	0 0 2 0 0 0 0 0
3 0 0 0 0 0	0 0 1 0 0 0 0 0	0 0 2 0 0 0 0 0	0 0 3 0 0 0 0 0
4 0 0 0 0 0	0 0 1 3 3 3 3 3	0 0 2 6 6 6 6 7	0 0 4 0 0 0 0 0
5 0 0 0 0 0	0 0 1 6 6 6 6 7	0 0 3 3 3 3 3 3	0 0 5 0 0 0 0 0
6 0 0 0 0 0	0 0 2 0 0 0 0 0	0 0 4 0 0 0 0 0	0 0 6 0 0 0 0 0
7 0 0 0 0 0	0 0 2 3 3 3 3 3	0 0 4 6 6 6 6 7	0 0 7 0 0 0 0 0
8 0 0 0 0 0	0 0 2 6 6 6 6 7	0 0 5 3 3 3 3 3	0 0 8 0 0 0 0 0
9 0 0 0 0 0	0 0 3 0 0 0 0 0	0 0 6 0 0 0 0 0	0 0 9 0 0 0 0 0

A 4 pour 0/0 par an, ou 1/3 pour 0/0 par mois, pendant :

SOMMES PLACÉES.	4 MOIS (120 JOURS.)	5 MOIS (150 JOURS.)	6 MOIS (180 JOURS.)
1 2 3 4 5 6	1 2 3 4 5 6 7 8	1 2 3 4 5 6 7 8	1 2 3 4 5 6 7 8
1 0 0 0 0 0	0 0 1 3 3 3 3 3	0 0 1 6 6 6 6 7	0 0 2 0 0 0 0 0
2 0 0 0 0 0	0 0 2 6 6 6 6 7	0 0 3 3 3 3 3 3	0 0 4 0 0 0 0 0
3 0 0 0 0 0	0 0 4 0 0 0 0 0	0 0 5 0 0 0 0 0	0 0 6 0 0 0 0 0
4 0 0 0 0 0	0 0 5 3 3 3 3 3	0 0 6 6 6 6 6 7	0 0 8 0 0 0 0 0
5 0 0 0 0 0	0 0 6 6 6 6 6 7	0 0 8 3 3 3 3 3	0 1 0 0 0 0 0 0
6 0 0 0 0 0	0 0 8 0 0 0 0 0	0 1 0 0 0 0 0 0	0 1 2 0 0 0 0 0
7 0 0 0 0 0	0 0 9 3 3 3 3 3	0 1 1 6 6 6 6 7	0 1 4 0 0 0 0 0
8 0 0 0 0 0	0 1 0 6 6 6 6 7	0 1 3 3 3 3 3 3	0 1 6 0 0 0 0 0
9 0 0 0 0 0	0 1 2 0 0 0 0 0	0 1 5 0 0 0 0 0	0 1 8 0 0 0 0 0

TABLE D'INTÉRÊTS SIMPLES.

SOMMES PLACÉES.						A 4 pour 0/0 par an, ou 1/3 pour 0/0 par mois, pendant :																	
						7 mois (210 jours.)								8 mois (240 jours.)								9 mois (270 jours.)		
1	2	3	4	5	6	1	2	3	4	5	6	7	8	1	2	3	4	5	6	7	8	1	2	3	4	5	6	7	8
1	0	0	0	0	0	0	0	2	3	3	3	3	3	0	0	2	6	6	6	6	7	0	0	3	0	0	0	0	0
2	0	0	0	0	0	0	0	4	6	6	6	6	7	0	0	5	3	3	3	3	3	0	0	6	0	0	0	0	0
3	0	0	0	0	0	0	0	7	0	0	0	0	0	0	0	8	0	0	0	0	0	0	0	9	0	0	0	0	0
4	0	0	0	0	0	0	0	9	3	3	3	3	3	0	1	0	6	6	6	6	7	0	1	2	0	0	0	0	0
5	0	0	0	0	0	0	1	1	6	6	6	6	7	0	1	3	3	3	3	3	3	0	1	5	0	0	0	0	0
6	0	0	0	0	0	0	1	4	0	0	0	0	0	0	1	6	0	0	0	0	0	0	1	8	0	0	0	0	0
7	0	0	0	0	0	0	1	6	3	3	3	3	3	0	1	8	6	6	6	6	7	0	2	1	0	0	0	0	0
8	0	0	0	0	0	0	1	8	6	6	6	6	7	0	2	1	3	3	3	3	3	0	2	4	0	0	0	0	0
9	0	0	0	0	0	0	2	1	0	0	0	0	0	0	2	4	0	0	0	0	0	0	2	7	0	0	0	0	0

SOMMES PLACÉES.						A 4 pour 0/0 par an, ou 1/3 pour 0/0 par mois, pendant :																	
						10 mois (300 jours.)								11 mois (330 jours.)								12 mois (360 jours.)		
1	2	3	4	5	6	1	2	3	4	5	6	7	8	1	2	3	4	5	6	7	8	1	2	3	4	5	6	7	8
1	0	0	0	0	0	0	0	3	3	3	3	3	3	0	0	3	6	6	6	6	7	0	0	4	0	0	0	0	0
2	0	0	0	0	0	0	0	6	6	6	6	6	7	0	0	7	3	3	3	3	3	0	0	8	0	0	0	0	0
3	0	0	0	0	0	0	1	0	0	0	0	0	0	0	1	1	0	0	0	0	0	0	1	2	0	0	0	0	0
4	0	0	0	0	0	0	1	3	3	3	3	3	3	0	1	4	6	6	6	6	7	0	1	6	0	0	0	0	0
5	0	0	0	0	0	0	1	6	6	6	6	6	7	0	1	8	3	3	3	3	3	0	2	0	0	0	0	0	0
6	0	0	0	0	0	0	2	0	0	0	0	0	0	0	2	2	0	0	0	0	0	0	2	4	0	0	0	0	0
7	0	0	0	0	0	0	2	3	3	3	3	3	3	0	2	5	6	6	6	6	3	0	2	8	0	0	0	0	0
8	0	0	0	0	0	0	2	6	6	6	6	6	7	0	2	9	3	3	3	3	7	0	3	2	0	0	0	0	5
9	0	0	0	0	0	0	3	0	0	0	0	0	0	0	3	3	0	0	0	0	0	0	3	6	0	0	0	0	0

TABLE D'INTÉRÊTS SIMPLES.

SOMMES PLACÉES.	A 5 pour 0/0 par an, pendant :		
	1 MOIS (30 JOURS.)	2 MOIS (60 JOURS.)	3 MOIS (90 JOURS.)
1 2 3 4 5 6	1 2 3 4 5 6 7 8	1 2 3 4 5 6 7 8	1 2 3 4 5 6 7 8
1 0 0 0 0 0	0 0 0 4 1 6 6 7	0 0 0 8 3 3 3 3	0 0 1 2 5 0 0 0
2 0 0 0 0 0	0 0 0 8 3 3 3 3	0 0 1 6 6 6 6 7	0 0 2 5 0 0 0 0
3 0 0 0 0 0	0 0 1 2 5 0 0 0	0 0 2 5 0 0 0 0	0 0 3 7 5 0 0 0
4 0 0 0 0 0	0 0 1 6 6 6 6 7	0 0 3 3 3 3 3 3	0 0 5 0 0 0 0 0
5 0 0 0 0 0	0 0 2 0 8 3 3 3	0 0 4 1 6 6 6 7	0 0 6 2 5 0 0 0
6 0 0 0 0 0	0 0 2 5 0 0 0 0	0 0 5 0 0 0 0 0	0 0 7 5 0 0 0 0
7 0 0 0 0 0	0 0 2 9 1 6 6 7	0 0 5 8 3 3 3 3	0 0 8 7 5 0 0 0
8 0 0 0 0 0	0 0 3 3 3 3 3 3	0 0 6 6 6 6 6 7	0 1 0 0 0 0 0 0
9 0 0 0 0 0	0 0 3 7 5 0 0 0	0 0 7 5 0 0 0 0	0 1 1 2 5 0 0 0

SOMMES PLACÉES.	A 5 pour 0/0 par an, pendant :		
	4 MOIS (120 JOURS.)	5 MOIS (150 JOURS.)	6 MOIS (180 JOURS.)
1 2 3 4 5 6	1 2 3 4 5 6 7 8	1 2 3 4 5 6 7 8	1 2 3 4 5 6 7 8
1 0 0 0 0 0	0 0 1 6 6 6 6 7	0 0 2 0 8 3 3 3	0 0 2 5 0 0 0 0
2 0 0 0 0 0	0 0 3 3 3 3 3 3	0 0 4 1 6 6 6 7	0 0 5 0 0 0 0 0
3 0 0 0 0 0	0 0 5 0 0 0 0 0	0 0 6 2 5 0 0 0	0 0 7 5 0 0 0 0
4 0 0 0 0 0	0 0 6 6 6 6 6 7	0 0 8 3 3 3 3 3	0 1 0 0 0 0 0 0
5 0 0 0 6 0	0 0 8 3 3 3 3 3	0 1 0 4 1 6 6 7	0 1 2 5 0 0 0 0
6 0 0 0 0 0	0 1 0 0 0 0 0 0	0 1 2 5 0 0 0 0	0 1 5 0 0 0 0 0
7 0 0 0 0 0	0 1 1 6 6 6 6 7	0 1 4 5 8 3 3 3	0 1 7 5 0 0 0 0
8 0 0 0 0 0	0 1 3 3 3 3 3 3	0 1 6 6 6 6 6 7	0 2 0 0 0 0 0 0
9 0 0 0 0 0	0 1 5 0 0 0 0 0	0 1 8 7 5 0 0 0	0 2 2 5 0 0 0 0

TABLE D'INTÉRÊTS SIMPLES.

SOMMES PLACÉES.	A 5 pour 0/0 par an, pendant :		
	7 MOIS (210 JOURS.)	8 MOIS (240 JOURS.)	9 MOIS (270 JOURS.)
1 2 3 4 5 6	1 2 3 4 5 6 7 8	1 2 3 4 5 6 7 8	1 2 3 4 5 6 7 8
1 0 0 0 0 0	0 0 2 9 1 6 6 7	0 0 3 3 3 3 3 3	0 0 3 7 5 0 0 0
2 0 0 0 0 0	0 0 5 8 3 3 3 3	0 0 6 6 6 6 6 7	0 0 7 5 0 0 0 0
3 0 0 0 0 0	0 0 8 7 5 0 0 0	0 1 0 0 0 0 0 0	0 1 1 2 5 0 0 0
4 0 0 0 0 0	0 1 1 6 6 6 6 7	0 1 3 3 3 3 3 3	0 1 5 0 0 0 0 0
5 0 0 0 0 0	0 1 4 5 8 3 3 3	0 1 6 6 6 6 6 7	0 1 8 7 5 0 0 0
6 0 0 0 0 0	0 1 7 5 0 0 0 0	0 2 0 0 0 0 0 0	0 2 2 5 0 0 0 0
7 0 0 0 0 0	0 2 0 4 1 6 6 7	0 2 3 3 3 3 3 3	0 2 6 2 5 0 0 0
8 0 0 0 0 0	0 2 3 3 3 3 3 3	0 2 6 6 6 6 6 7	0 3 0 0 0 0 0 0
9 0 0 0 0 0	0 2 6 2 5 0 0 0	0 3 0 0 0 0 0 0	0 3 3 7 5 0 0 0

SOMMES PLACÉES.	A 5 pour 0/0 par an, pendant :		
	10 MOIS (300 JOURS.)	11 MOIS (330 JOURS.)	12 MOIS (360 JOURS.)
1 2 3 4 5 6	1 2 3 4 5 6 7 8	1 2 3 4 5 6 7 8	1 2 3 4 5 6 7 8
1 0 0 0 0 0	0 0 4 1 6 6 6 7	0 0 4 5 8 3 3 3	0 0 5 0 0 0 0 0
2 0 0 0 0 0	0 0 8 3 3 3 3 3	0 0 9 1 6 6 6 7	0 1 0 0 0 0 0 0
3 0 0 0 0 0	0 1 2 5 0 0 0 0	0 1 3 7 5 0 0 0	0 1 5 0 0 0 0 0
4 0 0 0 0 0	0 1 6 6 6 6 6 7	0 1 8 3 3 3 3 3	0 2 0 0 0 0 0 0
5 0 0 0 0 0	0 2 0 8 3 3 3 3	0 2 2 9 1 6 6 7	0 2 5 0 0 0 0 0
6 0 0 0 0 0	0 2 5 0 0 0 0 0	0 2 7 5 0 0 0 0	0 3 0 0 0 0 0 0
7 0 0 0 0 0	0 2 9 1 6 6 6 7	0 3 2 0 8 3 3 3	0 3 5 0 0 0 0 0
8 0 0 0 0 0	0 3 3 3 3 3 3 3	0 3 6 6 6 6 6 7	0 4 0 0 0 0 0 0
9 0 0 0 0 0	0 3 7 5 0 0 0 0	0 4 1 2 5 0 0 0	0 4 5 0 0 0 0 0

TABLE D'INTÉRÊTS SIMPLES.

A 6 pour 0/0 par an, ou 1/2 pour 0/0 par mois, pendant :

SOMMES PLACÉES.						1 MOIS (30 JOURS.)								2 MOIS (60 JOURS.)								3 MOIS (90 JOURS.)							
1	2	3	4	5	6	1	2	3	4	5	6	7	8	1	2	3	4	5	6	7	8	1	2	3	4	5	6	7	8
1	0	0	0	0	0	0	0	0	5	0	0	0	0	0	0	1	0	0	0	0	0	0	0	1	5	0	0	0	0
2	0	0	0	0	0	0	0	1	0	0	0	0	0	0	0	2	0	0	0	0	0	0	0	3	0	0	0	0	0
3	0	0	0	0	0	0	0	1	5	0	0	0	0	0	0	3	0	0	0	0	0	0	0	4	5	0	0	0	0
4	0	0	0	0	0	0	0	2	0	0	0	0	0	0	0	4	0	0	0	0	0	0	0	6	0	0	0	0	0
5	0	0	0	0	0	0	0	2	5	0	0	0	0	0	0	5	0	0	0	0	0	0	0	7	5	0	0	0	0
6	0	0	0	0	0	0	0	3	0	0	0	0	0	0	0	6	0	0	0	0	0	0	0	9	0	0	0	0	0
7	0	0	0	0	0	0	0	3	5	0	0	0	0	0	0	7	0	0	0	0	0	0	1	0	5	0	0	0	0
8	0	0	0	0	0	0	0	4	0	0	0	0	0	0	0	8	0	0	0	0	0	0	1	2	0	0	0	0	0
9	0	0	0	0	0	0	0	4	5	0	0	0	0	0	0	9	0	0	0	0	0	0	1	3	5	0	0	0	0

A 6 pour 0/0 par an, ou 1/2 pour 0/0 par mois, pendant :

SOMMES PLACÉES.						4 MOIS (120 JOURS.)								5 MOIS (150 JOURS.)								6 MOIS (180 JOURS.)							
1	2	3	4	5	6	1	2	3	4	5	6	7	8	1	2	3	4	5	6	7	8	1	2	3	4	5	6	7	8
1	0	0	0	0	0	0	0	2	0	0	0	0	0	0	0	2	5	0	0	0	0	0	0	3	0	0	0	0	0
2	0	0	0	0	0	0	0	4	0	0	0	0	0	0	0	5	0	0	0	0	0	0	0	6	0	0	0	0	0
3	0	0	0	0	0	0	0	6	0	0	0	0	0	0	0	7	5	0	0	0	0	0	0	9	0	0	0	0	0
4	0	0	0	0	0	0	0	8	0	0	0	0	0	0	1	0	0	0	0	0	0	0	1	2	0	0	0	0	0
5	0	0	0	0	0	0	1	0	0	0	0	0	0	0	1	2	5	0	0	0	0	0	1	5	0	0	0	0	0
6	0	0	0	0	0	0	1	2	0	0	0	0	0	0	1	5	0	0	0	0	0	0	1	8	0	0	0	0	0
7	0	0	0	0	0	0	1	4	0	0	0	0	0	0	1	7	5	0	0	0	0	0	2	1	0	0	0	0	0
8	0	0	0	0	0	0	1	6	0	0	0	0	0	0	2	0	0	0	0	0	0	0	2	4	0	0	0	0	0
9	0	0	0	0	0	0	1	8	0	0	0	0	0	0	2	2	5	0	0	0	0	0	2	7	0	0	0	0	0

TABLE D'INTÉRÊTS SIMPLES.

A 6 pour 0/0 par an, ou 1/2 pour 0/0 par mois, pendant :

SOMMES PLACÉES.						7 mois (210 jours.)								8 mois (240 jours.)								9 mois (270 jours.)							
1	2	3	4	5	6	1	2	3	4	5	6	7	8	1	2	3	4	5	6	7	8	1	2	3	4	5	6	7	8
1	0	0	0	0	0	0	0	3	5	0	0	0	0	0	0	4	0	0	0	0	0	0	0	4	5	0	0	0	0
2	0	0	0	0	0	0	0	7	0	0	0	0	0	0	0	8	0	0	0	0	0	0	0	9	0	0	0	0	0
3	0	0	0	0	0	0	1	0	5	0	0	0	0	0	1	2	0	0	0	0	0	0	1	3	5	0	0	0	0
4	0	0	0	0	0	0	1	4	0	0	0	0	0	0	1	6	0	0	0	0	0	0	1	8	0	0	0	0	0
5	0	0	0	0	0	0	1	7	5	0	0	0	0	0	2	0	0	0	0	0	0	0	2	2	5	0	0	0	0
6	0	0	0	0	0	0	2	1	0	0	0	0	0	0	2	4	0	0	0	0	0	0	2	7	0	0	0	0	0
7	0	0	0	0	0	0	2	4	5	0	0	0	0	0	2	8	0	0	0	0	0	0	3	1	5	0	0	0	0
8	0	0	0	0	0	0	2	8	0	0	0	0	0	0	3	2	0	0	0	0	0	0	3	6	0	0	0	0	0
9	0	0	0	0	0	0	3	1	5	0	0	0	0	0	3	6	0	0	0	0	0	0	4	0	5	0	0	0	0

A 6 pour 0/0 par an, ou 1/2 pour 0/0 par mois, pendant :

SOMMES PLACÉES.						10 mois (300 jours.)								11 mois (330 jours.)								12 mois (360 jours.)							
1	2	3	4	5	6	1	2	3	4	5	6	7	8	1	2	3	4	5	6	7	8	1	2	3	4	5	6	7	8
1	0	0	0	0	0	0	0	5	0	0	0	0	0	0	0	5	5	0	0	0	0	0	0	6	0	0	0	0	0
2	0	0	0	0	0	0	1	0	0	0	0	0	0	0	1	1	0	0	0	0	0	0	1	2	0	0	0	0	0
3	0	0	0	0	0	0	1	5	0	0	0	0	0	0	1	6	5	0	0	0	0	0	1	8	0	0	0	0	0
4	0	0	0	0	0	0	2	0	0	0	0	0	0	0	2	2	0	0	0	0	0	0	2	4	0	0	0	0	0
5	0	0	0	0	0	0	2	5	0	0	0	0	0	0	2	7	5	0	0	0	0	0	3	0	0	0	0	0	0
6	0	0	0	0	0	0	3	0	0	0	0	0	0	0	3	3	0	0	0	0	0	0	3	6	0	0	0	0	0
7	0	0	0	0	0	0	3	5	0	0	0	0	0	0	3	8	5	0	0	0	0	0	4	2	0	0	0	0	0
8	0	0	0	0	0	0	4	0	0	0	0	0	0	0	4	4	0	0	0	0	0	0	4	8	0	0	0	0	0
9	0	0	0	0	0	0	4	5	0	0	0	0	0	0	4	9	5	0	0	0	0	0	5	4	0	0	0	0	0

TABLES
D'INTÉRÊTS (SIMPLES) PLUS RAREMENT USITÉS
depuis 1/8 jusqu'à 25 pour 0/0
POUR UN JOUR, UN MOIS ET UN AN.

TABLE D'INTÉRÊTS SIMPLES.

A 1/8 pour 0/0 par an, pendant :

SOMMES PLACÉES.						1 JOUR.								1 MOIS.							1 AN.						
1	2	3	4	5	6	1	2	3	4	5	6	7	8	1	2	3	4	5	6	7	1	2	3	4	5	6	7
1	0	0	0	0	0	0	0	0	0	0	0	3	4	0	0	0	0	1	0	4	0	0	0	1	2	5	0
2	0	0	0	0	0	0	0	0	0	0	0	6	9	0	0	0	0	2	0	8	0	0	0	2	5	0	0
3	0	0	0	0	0	0	0	0	0	0	1	0	4	0	0	0	0	3	1	2	0	0	0	3	7	5	0
4	0	0	0	0	0	0	0	0	0	0	1	3	8	0	0	0	0	4	1	6	0	0	0	5	0	0	0
5	0	0	0	0	0	0	0	0	0	0	1	7	3	0	0	0	0	5	2	1	0	0	0	6	2	5	0
6	0	0	0	0	0	0	0	0	0	0	2	0	8	0	0	0	0	6	2	5	0	0	0	7	5	0	0
7	0	0	0	0	0	0	0	0	0	0	2	4	3	0	0	0	0	7	2	9	0	0	0	8	7	5	0
8	0	0	0	0	0	0	0	0	0	0	2	7	7	0	0	0	0	8	3	3	0	0	1	0	0	0	0
9	0	0	0	0	0	0	0	0	0	0	3	1	2	0	0	0	0	9	3	7	0	0	1	1	2	5	0

A 3/8 pour 0/0 par an, pendant :

SOMMES PLACÉES.						1 JOUR.								1 MOIS.							1 AN.						
1	2	3	4	5	6	1	2	3	4	5	6	7	8	1	2	3	4	5	6	7	1	2	3	4	5	6	7
1	0	0	0	0	0	0	0	0	0	0	1	0	4	0	0	0	0	3	1	2	0	0	0	3	7	5	0
2	0	0	0	0	0	0	0	0	0	0	2	0	8	0	0	0	0	6	2	5	0	0	0	7	5	0	0
3	0	0	0	0	0	0	0	0	0	0	3	1	2	0	0	0	0	9	3	7	0	0	1	1	2	5	0
4	0	0	0	0	0	0	0	0	0	0	4	1	6	0	0	0	1	2	5	0	0	0	1	5	0	0	0
5	0	0	0	6	0	0	0	0	0	0	5	2	1	1	0	0	1	5	6	2	0	0	1	8	7	5	0
6	0	0	0	0	0	0	0	0	0	0	6	2	5	0	0	0	1	8	7	5	0	0	2	2	5	0	0
7	0	0	0	0	0	0	0	0	0	0	7	2	9	0	0	0	2	1	8	8	0	0	2	6	2	5	0
8	0	0	0	0	0	0	0	0	0	0	8	3	3	0	0	0	2	5	0	0	0	0	3	0	0	0	0
9	0	0	0	0	0	0	0	0	0	0	9	3	7	0	0	0	2	8	1	2	0	0	3	3	7	5	0

TABLE D'INTÉRÊTS SIMPLES.

SOMMES PLACÉES.	A 5/8 pour 0/0 par an, pendant :		
	1 JOUR.	1 MOIS.	1 AN.
1 2 3 4 5 6	1 2 3 4 5 6 7 8	1 2 3 4 5 6 7	1 2 3 4 5 6 7
I 0 0 0 0 0	0 0 0 0 0 I 7 3	0 0 0 0 5 2 0	0 0 0 6 2 5 0
2 0 0 0 0 0	0 0 0 0 0 3 4 7	0 0 0 I 0 4 I	0 0 I 2 5 0 0
3 0 0 0 0 0	0 0 0 0 0 5 2 I	0 0 0 I 5 6 2	0 0 I 8 7 5 0
4 0 0 0 0 0	0 0 0 0 0 6 9 4	0 0 0 2 0 8 3	0 0 2 5 0 0 0
5 0 0 0 0 0	0 0 0 0 0 8 6 8	0 0 0 2 6 0 4	0 0 3 I 2 5 0
6 0 0 0 0 0	0 0 0 0 I 0 4 2	0 0 0 3 I 2 5	0 0 3 7 5 0 0
7 0 0 0 0 0	0 0 0 0 I 2 I 5	0 0 0 3 6 4 5	0 0 4 3 7 5 0
8 0 0 0 0 0	0 0 0 0 I 3 8 9	0 0 0 4 I 6 6	0 0 5 0 0 0 0
9 0 0 0 0 0	0 0 0 0 I 5 6 3	0 0 0 4 6 8 5	0 0 5 6 2 5 0

SOMMES PLACÉES.	A 7/8 pour 0/0 par an, pendant :		
	1 JOUR.	1 MOIS.	1 AN.
1 2 3 4 5 6	1 2 3 4 5 6 7 8	1 2 3 4 5 6 7	1 2 3 4 5 6 7
I 0 0 0 0 0	0 0 0 0 0 2 4 3	0 0 0 0 7 2 9	0 0 0 8 7 5 0
2 0 0 0 0 0	0 0 0 0 0 4 8 6	0 0 0 I 4 5 8	0 0 I 7 5 0 0
3 0 0 0 0 0	0 0 0 0 0 7 2 9	0 0 0 2 I 8 7	0 0 2 6 2 5 0
4 0 0 0 0 0	0 0 0 0 0 9 7 2	0 0 0 2 9 I 6	0 0 3 5 0 0 0
5 0 0 0 0 0	0 0 0 0 I 2 I 5	0 0 0 3 6 4 5	0 0 4 3 7 5 0
6 0 0 0 0 0	0 0 0 0 I 4 5 8	0 0 0 4 3 7 4	0 0 5 2 5 0 0
7 0 0 0 0 0	0 0 0 0 I 7 0 I	0 0 0 5 I 0 4	0 0 6 I 2 5 0
8 0 0 0 0 0	0 0 0 0 I 9 4 4	0 0 0 5 8 3 3	0 0 7 0 0 0 0
9 0 0 0 0 0	0 0 0 0 2 I 3 7	0 0 0 6 5 6 2	0 0 7 8 7 5 0

TABLE D'INTÉRÊTS SIMPLES.

A 1/4 pour 0/0 par an, pendant :

SOMMES PLACÉES.						1 JOUR.								1 MOIS.							1 AN.						
1	2	3	4	5	6	1	2	3	4	5	6	7	8	1	2	3	4	5	6	7	1	2	3	4	5	6	7
1	0	0	0	0	0	0	0	0	0	0	0	6	9	0	0	0	0	2	0	8	0	0	0	2	5	0	0
2	0	0	0	0	0	0	0	0	0	0	1	3	9	0	0	0	0	4	1	7	0	0	0	5	0	0	0
3	0	0	0	0	0	0	0	0	0	0	2	0	8	0	0	0	0	6	2	5	0	0	0	7	5	0	0
4	0	0	0	0	0	0	0	0	0	0	2	7	7	0	0	0	0	8	3	3	0	0	1	0	0	0	0
5	0	0	0	0	0	0	0	0	0	0	3	4	7	0	0	0	1	0	4	2	0	0	1	2	5	0	0
6	0	0	0	0	0	0	0	0	0	0	4	1	7	0	0	0	1	2	5	0	0	0	1	5	0	0	0
7	0	0	0	0	0	0	0	0	0	0	4	8	6	0	0	0	1	4	5	8	0	0	1	7	5	0	0
8	0	0	0	0	0	0	0	0	0	0	5	5	5	0	0	0	1	6	6	7	0	0	2	0	0	0	0
9	0	0	0	0	0	0	0	0	0	0	6	2	5	0	0	0	1	8	7	5	0	0	2	2	5	0	0

A 1/3 pour 0/0 par an, pendant :

SOMMES PLACÉES.						1 JOUR.								1 MOIS.							1 AN.						
1	2	3	4	5	6	1	2	3	4	5	6	7	8	1	2	3	4	5	6	7	1	2	3	4	5	6	7
1	0	0	0	0	0	0	0	0	0	0	0	9	2	0	0	0	0	2	7	7	0	0	0	3	3	3	3
2	0	0	0	0	0	0	0	0	0	0	1	8	5	0	0	0	0	5	5	4	0	0	0	6	6	6	7
3	0	0	0	0	0	0	0	0	0	0	2	7	7	0	0	0	0	8	8	2	0	0	1	0	0	0	0
4	0	0	0	0	0	0	0	0	0	0	3	7	0	0	0	0	1	1	0	9	0	0	1	3	3	3	3
5	0	0	0	0	0	0	0	0	0	0	4	6	2	0	0	0	1	3	5	7	0	0	1	6	6	6	7
6	0	0	0	0	0	0	0	0	0	0	5	5	5	0	0	0	1	6	6	4	0	0	2	0	0	0	0
7	0	0	0	0	0	0	0	0	0	0	6	4	8	0	0	0	1	9	4	1	0	0	2	3	3	3	3
8	0	0	0	0	0	0	0	0	0	0	7	4	0	0	0	0	2	2	1	9	0	0	2	6	6	6	7
9	0	0	0	0	0	0	0	0	0	0	8	3	3	0	0	0	2	4	9	6	0	0	3	0	0	0	0

TABLE D'INTÉRÊTS SIMPLES.

A 1/2 pour 0/0 par an, pendant :

SOMMES PLACÉES.						1 JOUR.								1 MOIS.							1 AN.						
1	2	3	4	5	6	1	2	3	4	5	6	7	8	1	2	3	4	5	6	7	1	2	3	4	5	6	7
1	0	0	0	0	0	0	0	0	0	0	1	3	9	0	0	0	0	4	1	7	0	0	0	5	0	0	0
2	0	0	0	0	0	0	0	0	0	0	2	7	7	0	0	0	0	8	3	3	0	0	1	0	0	0	0
3	0	0	0	0	0	0	0	0	0	0	4	1	6	0	0	0	1	2	5	0	0	0	1	5	0	0	0
4	0	0	0	0	0	0	0	0	0	0	5	5	5	0	0	0	1	6	6	7	0	0	2	0	0	0	0
5	0	0	0	0	0	0	0	0	0	0	6	9	4	0	0	0	2	0	8	3	0	0	2	5	0	0	0
6	0	0	0	0	0	0	0	0	0	0	8	3	3	0	0	0	2	5	0	0	0	0	3	0	0	0	0
7	0	0	0	0	0	0	0	0	0	0	9	7	2	0	0	0	2	9	1	7	0	0	3	5	0	0	0
8	0	0	0	0	0	0	0	0	0	1	1	1	1	0	0	0	3	3	3	3	0	0	4	0	0	0	0
9	0	0	0	0	0	0	0	0	0	1	2	5	0	0	0	0	3	7	5	0	0	0	4	5	0	0	0

A 3/4 pour 0/0 par an, pendant :

SOMMES PLACÉES.						1 JOUR.								1 MOIS.							1 AN.						
1	2	3	4	5	6	1	2	3	4	5	6	7	8	1	2	3	4	5	6	7	1	2	3	4	5	6	7
1	0	0	0	0	0	0	0	0	0	0	2	0	8	0	0	0	0	6	2	5	0	0	0	7	5	0	0
2	0	0	0	0	0	0	0	0	0	0	4	1	7	0	0	0	1	2	5	0	0	0	1	5	0	0	0
3	0	0	0	0	0	0	0	0	0	0	6	2	5	0	0	0	1	8	7	5	0	0	2	2	5	0	0
4	0	0	0	0	0	0	0	0	0	0	8	3	3	0	0	0	2	5	0	0	0	0	3	0	0	0	0
5	0	0	0	0	0	0	0	0	0	1	0	4	2	0	0	0	3	1	2	5	0	0	3	7	5	0	0
6	0	0	0	0	0	0	0	0	0	1	2	5	0	0	0	0	3	7	5	0	0	0	4	5	0	0	0
7	0	0	0	0	0	0	0	0	0	1	4	5	8	0	0	0	4	3	7	5	0	0	5	2	5	0	0
8	0	0	0	0	0	0	0	0	0	1	6	6	7	0	0	0	5	0	0	0	0	0	6	0	0	0	0
9	0	0	0	0	0	0	0	0	0	1	8	7	5	0	0	0	5	6	2	5	0	0	6	7	5	0	0

TABLE D'INTÉRÊTS SIMPLES.

A 1 pour 0/0 par an, pendant :

SOMMES PLACÉES.	1 JOUR.	1 MOIS.	1 AN.
1 2 3 4 5 6	1 2 3 4 5 6 7 8	1 2 3 4 5 6 7	1 2 3 4 5 6 7
1 0 0 0 0 0	0 0 0 0 0 2 7 8	0 0 0 0 8 3 3	0 0 1 0 0 0 0
2 0 0 0 0 0	0 0 0 0 0 5 5 5	0 0 0 1 6 6 7	0 0 2 0 0 0 0
3 0 0 0 0 0	0 0 0 0 0 8 3 3	0 0 0 2 5 0 0	0 0 3 0 0 0 0
4 0 0 0 0 0	0 0 0 0 1 1 1 1	0 0 0 3 3 3 3	0 0 4 0 0 0 0
5 0 0 0 0 0	0 0 0 0 1 3 8 8	0 0 0 4 1 6 7	0 0 5 0 0 0 0
6 0 0 0 0 0	0 0 0 0 1 6 6 7	0 0 0 5 0 0 0	0 0 6 0 0 0 0
7 0 0 0 0 0	0 0 0 0 1 9 4 4	0 0 0 5 8 3 3	0 0 7 0 0 0 0
8 0 0 0 0 0	0 0 0 0 2 2 2 2	0 0 0 6 6 6 7	0 0 8 0 0 0 0
9 0 0 0 0 0	0 0 0 0 2 5 0 0	0 0 0 7 5 0 0	0 0 9 0 0 0 0

A 1 1/4 pour 0/0 par an, pendant :

SOMMES PLACÉES.	1 JOUR.	1 MOIS.	1 AN.
1 2 3 4 5 6	1 2 3 4 5 6 7 8	1 2 3 4 5 6 7	1 2 3 4 5 6 7
1 0 0 0 0 0	0 0 0 0 0 3 4 7	0 0 0 1 0 4 2	0 0 1 2 5 0 0
2 0 0 0 0 0	0 0 0 0 0 6 9 4	0 0 0 2 0 8 3	0 0 2 5 0 0 0
3 0 0 0 0 0	0 0 0 0 1 0 4 2	0 0 0 3 1 2 5	0 0 3 7 5 0 0
4 0 0 0 0 0	0 0 0 0 1 3 8 9	0 0 0 4 1 6 7	0 0 5 0 0 0 0
5 0 0 0 6 0	0 0 0 0 1 7 3 6	0 0 0 5 2 0 8	0 0 6 2 5 0 0
6 0 0 0 0 0	0 0 0 0 2 0 8 3	0 0 0 6 2 5 0	0 0 7 5 0 0 0
7 0 0 0 0 0	0 0 0 0 2 4 3 0	0 0 0 7 2 9 1	0 0 8 7 5 0 0
8 0 0 0 0 0	0 0 0 0 2 7 7 8	0 0 0 8 3 3 2	0 1 0 0 0 0 0
9 0 0 0 0 0	0 0 0 0 3 1 2 5	0 0 0 9 3 7 4	0 1 1 2 5 0 0

TABLE D'INTÉRÊTS SIMPLES.

A 1 1/2 pour 0/0 par an, pendant :

SOMMES PLACÉES.						1 JOUR.								1 MOIS.							1 AN.						
1	2	3	4	5	6	1	2	3	4	5	6	7	8	1	2	3	4	5	6	7	1	2	3	4	5	6	7
1	0	0	0	0	0	0	0	0	0	0	4	1	7	0	0	0	1	2	5	0	0	0	1	5	0	0	0
2	0	0	0	0	0	0	0	0	0	0	8	3	3	0	0	0	2	5	0	0	0	0	3	0	0	0	0
3	0	0	0	0	0	0	0	0	0	1	2	5	0	0	0	0	3	7	5	0	0	0	4	5	0	0	0
4	0	0	0	0	0	0	0	0	0	1	6	6	7	0	0	0	5	0	0	0	0	0	6	0	0	0	0
5	0	0	0	0	0	0	0	0	0	2	0	8	3	0	0	0	6	2	5	0	0	0	7	5	0	0	0
6	0	0	0	0	0	0	0	0	0	2	5	0	0	0	0	0	7	5	0	0	0	0	9	0	0	0	0
7	0	0	0	0	0	0	0	0	0	2	9	1	7	0	0	0	8	7	5	0	0	1	0	5	0	0	0
8	0	0	0	0	0	0	0	0	0	3	3	3	3	0	0	1	0	0	0	0	0	1	2	0	0	0	0
9	0	0	0	0	0	0	0	0	0	3	7	5	0	0	0	1	1	2	5	0	0	1	3	5	0	0	0

A 1 3/4 pour 0/0 par an, pendant :

SOMMES PLACÉES.						1 JOUR.								1 MOIS.							1 AN.						
1	2	3	4	5	6	1	2	3	4	5	6	7	8	1	2	3	4	5	6	7	1	2	3	4	5	6	7
1	0	0	0	0	0	0	0	0	0	0	4	8	6	0	0	0	1	4	5	8	0	0	1	7	5	0	0
2	0	0	0	0	0	0	0	0	0	0	9	7	2	0	0	0	2	9	1	6	0	0	3	5	0	0	0
3	0	0	0	0	0	0	0	0	0	1	4	5	8	0	0	0	4	3	7	5	0	0	5	2	5	0	0
4	0	0	0	0	0	0	0	0	0	1	9	4	4	0	0	0	5	8	3	3	0	0	7	0	0	0	0
5	0	0	0	0	0	0	0	0	0	2	4	3	0	0	0	0	7	2	9	1	0	0	8	7	5	0	0
6	0	0	0	0	0	0	0	0	0	2	9	1	6	0	0	0	8	7	5	0	0	1	0	5	0	0	0
7	0	0	0	0	0	0	0	0	0	3	4	0	3	0	0	1	0	2	0	8	0	1	2	2	5	0	0
8	0	0	0	0	0	0	0	0	0	3	8	8	9	0	0	1	1	6	6	7	0	1	4	0	0	0	0
9	0	0	0	0	0	0	0	0	0	4	3	7	5	0	0	1	3	1	2	5	0	1	5	7	5	0	0

TABLE D'INTÉRÊTS SIMPLES.

A 2 pour 0/0 par an, pendant :

SOMMES PLACÉES.						1 JOUR.								1 MOIS.							1 AN.						
1	2	3	4	5	6	1	2	3	4	5	6	7	8	1	2	3	4	5	6	7	1	2	3	4	5	6	7
I	0	0	0	0	0	0	0	0	0	0	5	5	5	0	0	0	I	6	6	7	0	0	2	0	0	0	0
2	0	0	0	0	0	0	0	0	0	I	1	1		0	0	0	3	3	3	3	0	0	4	0	0	0	0
3	0	0	0	0	0	0	0	0	0	I	6	6	7	0	0	0	5	0	0	0	0	0	6	0	0	0	0
4	0	0	0	0	0	0	0	0	0	2	2	2	2	0	0	0	6	6	6	7	0	0	8	0	0	0	0
5	0	0	0	0	0	0	0	0	0	2	7	7	8	0	0	0	8	3	3	3	0	I	0	0	0	0	0
6	0	0	0	0	0	0	0	0	0	3	3	3	3	0	0	I	0	0	0	0	0	I	2	0	0	0	0
7	0	0	0	0	0	0	0	0	0	3	8	8	9	0	0	I	I	6	6	7	0	I	4	0	0	0	0
8	0	0	0	0	0	0	0	0	0	4	4	4	4	0	0	2	3	3	3	3	0	I	6	0	0	0	0
9	0	0	0	0	0	0	0	0	0	5	0	0	0	0	0	3	0	0	0	0	0	I	8	0	0	0	0

A 2 1/4 pour 0/0 par an, pendant :

SOMMES PLACÉES.						1 JOUR.								1 MOIS.							1 AN.						
1	2	3	4	5	6	1	2	3	4	5	6	7	8	1	2	3	4	5	6	7	1	2	3	4	5	6	7
I	0	0	0	0	0	0	0	0	0	0	6	2	5	0	0	0	I	8	7	5	0	0	2	2	5	0	0
2	0	0	0	0	0	0	0	0	0	I	2	5	0	0	0	0	3	7	5	0	0	0	4	5	0	0	0
3	0	0	0	0	0	0	0	0	0	I	8	7	5	0	0	0	5	6	2	5	0	0	6	7	5	0	0
4	0	0	0	0	0	0	0	0	0	2	5	0	0	0	0	0	7	5	0	0	0	0	9	0	0	0	0
5	0	0	0	0	0	0	0	0	0	3	1	2	5	0	0	0	9	3	7	5	0	I	I	2	5	0	0
6	0	0	0	0	0	0	0	0	0	3	7	5	0	0	0	I	I	2	5	0	0	I	3	5	0	0	0
7	0	0	0	0	0	0	0	0	0	4	3	7	5	0	0	I	3	1	2	5	0	I	5	7	5	0	0
8	0	0	0	0	0	0	0	0	0	5	0	0	0	0	0	I	5	0	0	0	0	I	8	0	0	0	0
9	0	0	0	0	0	0	0	0	0	5	6	2	5	0	0	I	6	8	7	5	0	2	0	2	5	0	0

TABLE D'INTÉRÊTS SIMPLES.

A 2 1/2 pour 0/0 par an, pendant :

SOMMES PLACÉES.							1 JOUR.								1 MOIS.							1 AN.						
1	2	3	4	5	6		1	2	3	4	5	6	7	8	1	2	3	4	5	6	7	1	2	3	4	5	6	7
1	0	0	0	0	0		0	0	0	0	0	6	9	4	0	0	0	2	0	8	3	0	0	2	5	0	0	0
2	0	0	0	0	0		0	0	0	0	1	3	8	8	0	0	0	4	1	6	7	0	0	5	0	0	0	0
3	0	0	0	0	0		0	0	0	0	2	0	8	3	0	0	0	6	2	5	0	0	0	7	5	0	0	0
4	0	0	0	0	0		0	0	0	0	2	7	7	8	0	0	0	8	3	3	3	0	1	0	0	0	0	0
5	0	0	0	0	0		0	0	0	0	3	4	7	2	0	0	1	0	4	1	6	0	1	2	5	0	0	0
6	0	0	0	0	0		0	0	0	0	4	1	6	6	0	0	1	2	5	0	0	0	1	5	0	0	0	0
7	0	0	0	0	0		0	0	0	0	4	8	6	1	0	0	1	4	5	8	3	0	1	7	5	0	0	0
8	0	0	0	0	0		0	0	0	0	5	5	5	5	0	0	1	6	6	6	7	0	2	0	0	0	0	0
9	0	0	0	0	0		0	0	0	0	6	2	5	0	0	0	1	8	7	5	0	0	2	2	5	0	0	0

A 2 3/4 pour 0/0 par an, pendant :

SOMMES PLACÉES.							1 JOUR.								1 MOIS.							1 AN.						
1	2	3	4	5	6		1	2	3	4	5	6	7	8	1	2	3	4	5	6	7	1	2	3	4	5	6	7
1	0	0	0	0	0		0	0	0	0	0	7	6	4	0	0	0	2	2	9	2	0	0	2	7	5	0	0
2	0	0	0	0	0		0	0	0	0	1	5	2	7	0	0	0	4	5	8	3	0	0	5	5	0	0	0
3	0	0	0	0	0		0	0	0	0	2	2	9	2	0	0	0	6	8	7	5	0	0	8	2	5	0	0
4	0	0	0	0	0		0	0	0	0	3	0	5	6	0	0	0	9	1	6	7	0	1	1	0	0	0	0
5	0	0	0	0	0		0	0	0	0	3	8	1	9	0	0	1	1	4	5	8	0	1	3	7	5	0	0
6	0	0	0	0	0		0	0	0	0	4	5	8	3	0	0	1	3	7	5	0	0	1	6	5	0	0	0
7	0	0	0	0	0		0	0	0	0	5	3	4	7	0	0	1	6	0	4	2	0	1	9	2	5	0	0
8	0	0	0	0	0		0	0	0	0	6	1	1	1	0	0	1	8	3	3	3	0	2	2	0	0	0	0
9	0	0	0	0	0		0	0	0	0	6	8	7	5	0	0	2	0	6	2	5	0	2	4	7	5	0	0

TABLE D'INTÉRÊTS SIMPLES.

SOMMES PLACÉES.	A3 pour 0/0 par an, ou 1/4 pour 0/0 par mois, pendant:
	Voir les Tables, pages 21 à 25 — 46 et 47.

USAGE DES TABLES.

Pour avoir l'intérêt d'une somme quelconque, PRENEZ AUTANT DE CHIFFRES QU'IL Y EN A DANS LA SOMME DONT VOUS VOULEZ LES INTÉRÊTS.

—

Quel est l'intérêt de 9,000 *fr. pour un mois*, *à* 3 1/4 *pour o/o par an?*
9,000 fr. comportant 4 chiffres, j'en sépare 4 (*sur la gauche de la colonne correspondante des intérêts faits pour* 1 *mois*), et j'obtiens pour résultat 0,024 fr. 37 c. 5, ou simplement 24 fr. 37 c. 1/2.

SOMMES PLACÉES.	A 3 1/4 pour 0/0 par an, pendant :		
	1 JOUR.	1 MOIS.	1 AN.
1 2 3 4 5 6	1 2 3 4 5 6 7 8	1 2 3 4 5 6 7	1 2 3 4 5 6 7
1 0 0 0 0 0	0 0 0 0 0 9 0 2	0 0 0 2 7 0 8	0 0 3 2 5 0 0
2 0 0 0 0 0	0 0 0 0 1 8 0 5	0 0 0 5 4 1 7	0 0 6 5 0 0 0
3 0 0 0 0 0	0 0 0 0 2 7 0 8	0 0 0 8 1 2 5	0 0 9 7 5 0 0
4 0 0 0 0 0	0 0 0 0 3 6 1 1	0 0 1 0 8 3 4	0 1 3 0 0 0 0
5 0 0 0 6 0	0 0 0 0 4 5 1 3	0 0 1 3 5 4 2	0 1 6 2 5 0 0
6 0 0 0 0 0	0 0 0 0 5 4 1 7	0 0 1 6 2 5 0	0 1 9 5 0 0 0
7 0 0 0 0 0	0 0 0 0 6 3 2 0	0 0 1 8 9 5 8	0 2 2 7 5 0 0
8 0 0 0 0 0	0 0 0 0 7 2 2 2	0 0 2 1 6 6 7	0 2 6 0 0 0 0
9 0 0 0 0 0	0 0 0 0 8 1 2 5	0 0 2 4 3 7 5	0 2 9 2 5 0 0

TABLE D'INTÉRÊTS SIMPLES.

SOMMES PLACÉES.	A 3 1/2 pour 0/0 par an, pendant :		
	1 JOUR.	1 MOIS.	1 AN.
1 2 3 4 5 6	1 2 3 4 5 6 7 8	1 2 3 4 5 6 7	1 2 3 4 5 6 7
1 0 0 0 0 0	0 0 0 0 0 9 7 2	0 0 0 2 9 1 7	0 0 3 5 0 0 0
2 0 0 0 0 0	0 0 0 0 1 9 4 4	0 0 0 5 8 3 3	0 0 7 0 0 0 0
3 0 0 0 0 0	0 0 0 0 2 9 1 7	0 0 0 8 7 5 0	0 1 0 5 0 0 0
4 0 0 0 0 0	0 0 0 0 3 8 8 9	0 0 1 1 6 6 7	0 1 4 0 0 0 0
5 0 0 0 0 0	0 0 0 0 4 8 6 1	0 0 1 4 5 8 3	0 1 7 5 0 0 0
6 0 0 0 0 0	0 0 0 0 5 8 3 3	0 0 1 7 5 0 0	0 2 1 0 0 0 0
7 0 0 0 0 0	0 0 0 0 6 8 0 6	0 0 2 0 4 1 6	0 2 4 5 0 0 0
8 0 0 0 0 0	0 0 0 0 7 7 7 8	0 0 2 3 3 3 3	0 2 8 0 0 0 0
9 0 0 0 0 0	0 0 0 0 8 7 5 0	0 0 2 6 2 5 0	0 3 1 5 0 0 0

SOMMES PLACÉES.	A 3 3/4 pour 0/0 par an, pendant :		
	1 JOUR.	1 MOIS.	1 AN.
1 2 3 4 5 6	1 2 3 4 5 6 7 8	1 2 3 4 5 6 7	1 2 3 4 5 6 7
1 0 0 0 0 0	0 0 0 0 1 0 4 1	0 0 0 3 1 2 5	0 0 3 7 5 0 0
2 0 0 0 0 0	0 0 0 0 2 0 8 3	0 0 0 6 2 5 0	0 0 7 5 0 0 0
3 0 0 0 0 0	0 0 0 0 3 1 2 5	0 0 0 9 3 7 5	0 1 1 2 5 0 0
4 0 0 0 0 0	0 0 0 0 4 1 6 7	0 0 1 2 5 0 0	0 1 5 0 0 0 0
5 0 0 0 0 0	0 0 0 0 5 2 0 9	0 0 1 5 6 2 5	0 1 8 7 5 0 0
6 0 0 0 0 0	0 0 0 0 6 2 5 0	0 0 1 8 7 5 0	0 2 2 5 0 0 0
7 0 0 0 0 0	0 0 0 0 7 2 9 1	0 0 2 1 8 7 5	0 2 6 2 5 0 0
8 0 0 0 0 0	0 0 0 0 8 3 3 3	0 0 2 5 0 0 0	0 3 0 0 0 0 0
9 0 0 0 0 0	0 0 0 0 9 3 7 5	0 0 2 8 1 2 5	0 3 3 7 5 0 0

TABLE D'INTÉRÊTS SIMPLES.

SOMMES PLACÉES.	A 4 pour 0/0 par an, pendant :
	Voir les Tables, pages 27 à 33 — 48 et 49.

USAGE DES TABLES.

Pour avoir l'intérêt d'une somme quelconque, PRENEZ AUTANT DE CHIFFRES QU'IL Y EN A DANS LA SOMME DONT VOUS VOULEZ LES INTÉRÊTS.

Quel est l'intérêt pour 55 jours de 10,000 *fr., à* 4 1/2 *pour o/o par an?*

En séparant 5 chiffres, j'obtiens, pour l'intérêt de 10,000 fr., pendant 1 jour. . 1 fr. 25 c.
et répétant cet intérêt d'un jour 55 fois. 68 75
Complément pour l'année, 305 jours. 381 25

PREUVE : 10,000 fr. à 4 1/2 pour un an.   450 »

SOMMES PLACÉES.	A 4 1/4 pour 0/0 par an, pendant :		
	1 JOUR.	1 MOIS.	1 AN.
1 2 3 4 5 6	1 2 3 4 5 6 7 8	1 2 3 4 5 6 7	1 2 3 4 5 6 7
1 0 0 0 0 0	0 0 0 0 1 1 8 0	0 0 0 3 5 4 2	0 0 4 2 5 0 0
2 0 0 0 0 0	0 0 0 0 2 3 6 1	0 0 0 7 0 8 3	0 0 8 5 0 0 0
3 0 0 0 0 0	0 0 0 0 3 5 4 2	0 0 1 0 6 2 5	0 1 2 7 5 0 0
4 0 0 0 0 0	0 0 0 0 4 7 2 2	0 0 1 4 1 6 7	0 1 7 0 0 0 0
5 0 0 0 0 0	0 0 0 0 5 9 0 3	0 0 1 7 7 0 8	0 2 1 2 5 0 0
6 0 0 0 0 0	0 0 0 0 7 0 8 3	0 0 2 1 2 5 0	0 2 5 5 0 0 0
7 0 0 0 0 0	0 0 0 0 8 2 6 4	0 0 2 4 7 9 0	0 2 9 7 5 0 0
8 0 0 0 0 0	0 0 0 0 9 4 4 4	0 0 2 8 3 3 3	0 3 4 0 0 0 0
9 0 0 0 0 0	0 0 0 1 0 6 2 5	0 0 3 1 8 7 5	0 3 8 2 5 0 0

TABLE D'INTÉRÊTS SIMPLES.

A 4 1/2 pour 0/0 par an, pendant :

SOMMES PLACÉES.							1 JOUR.								1 MOIS.							1 AN.						
1	2	3	4	5	6		1	2	3	4	5	6	7	8	1	2	3	4	5	6	7	1	2	3	4	5	6	7
1	0	0	0	0	0		0	0	0	0	I	2	5	0	0	0	0	3	7	5	0	0	0	4	5	0	0	0
2	0	0	0	0	0		0	0	0	0	2	5	0	0	0	0	0	7	5	0	0	0	0	9	0	0	0	0
3	0	0	0	0	0		0	0	0	0	3	7	5	0	0	0	I	I	2	5	0	0	I	3	5	0	0	0
4	0	0	0	0	0		0	0	0	0	5	0	0	0	0	0	I	5	0	0	0	0	I	8	0	0	0	0
5	0	0	0	0	0		0	0	0	0	6	2	5	0	0	0	I	8	7	5	0	0	2	2	5	0	0	0
6	0	0	0	0	0		0	0	0	0	7	5	0	0	0	0	2	2	5	0	0	0	2	7	0	0	0	0
7	0	0	0	0	0		0	0	0	0	8	7	5	0	0	0	2	6	2	5	0	0	3	I	5	0	0	0
8	0	0	0	0	0		0	0	0	I	0	0	0	0	0	0	3	0	0	0	0	0	3	6	0	0	0	0
9	0	0	0	0	0		0	0	0	I	I	2	5	0	0	0	3	3	7	5	0	0	4	0	5	0	0	0

A 4 3/4 pour 0/0 par an, pendant :

SOMMES PLACÉES.							1 JOUR.								1 MOIS.							1 AN.						
1	2	3	4	5	6		1	2	3	4	5	6	7	8	1	2	3	4	5	6	7	1	2	3	4	5	6	7
1	0	0	0	0	0		0	0	0	0	I	3	I	9	0	0	0	3	9	5	8	0	0	4	7	5	0	0
2	0	0	0	0	0		0	0	0	0	2	6	3	9	0	0	0	7	9	I	7	0	0	9	5	0	0	0
3	0	0	0	0	0		0	0	0	0	3	9	5	8	0	0	I	I	8	7	5	0	I	4	2	5	0	0
4	0	0	0	0	0		0	0	0	0	5	2	7	8	0	0	I	5	8	3	4	0	I	9	0	0	0	0
5	0	0	0	0	0		0	0	0	0	6	5	9	7	0	0	I	9	7	9	2	0	2	3	7	5	0	0
6	0	0	0	0	0		0	0	0	0	7	9	I	7	0	0	2	3	7	5	0	0	2	8	5	0	0	0
7	0	0	0	0	0		0	0	0	0	9	2	3	6	0	0	2	7	7	I	0	0	3	3	2	5	0	0
8	0	0	0	0	0		0	0	0	I	0	5	5	6	0	0	3	I	6	6	5	0	3	8	0	0	0	0
9	0	0	0	0	0		0	0	0	I	I	8	7	5	0	0	3	5	6	2	5	0	4	2	7	5	0	0

TABLE D'INTÉRÊTS SIMPLES.

SOMMES PLACÉES.	A 5 pour 0/0 par an, pendant :
	Voir les Tables, pages 33 à 39 — 50 et 51.

USAGE DES TABLES.

Pour avoir l'intérêt d'une somme quelconque, PRENEZ AUTANT DE CHIFFRES QU'IL Y EN A DANS LA SOMME DONT VOUS VOULEZ LES INTÉRÊTS.

—

Quel est l'intérêt de 600 fr. pour 9 mois, à 5 3/4 pour 0/0 par an?
Pour 1 mois, 600 fr. donnent 2 fr. 87 50.
Pour 9 mois, 9 fois plus, c'est-à-dire. . . . . 25 fr. 87 50
Complément pour l'année, 3 mois. 8   62 50
     PREUVE : 600 fr. à 5 3/4 pour un an. . . . 34 fr. 50 »

SOMMES PLACÉES.	A 5 1/4 pour 0/0 par an, pendant :		
	1 JOUR.	1 MOIS.	1 AN.
1 2 3 4 5 6	1 2 3 4 5 6 7 8	1 2 3 4 5 6 7	1 2 3 4 5 6 7
1 0 0 0 0 0	0 0 0 0 1 4 5 8	0 0 0 4 3 7 5	0 0 5 2 5 0 0
2 0 0 0 0 0	0 0 0 0 2 9 1 7	0 0 0 8 7 5 0	0 1 0 5 0 0 0
3 0 0 0 0 0	0 0 0 0 4 3 7 5	0 0 1 3 1 2 5	0 1 5 7 5 0 0
4 0 0 0 0 0	0 0 0 0 5 8 3 3	0 0 1 7 5 0 0	0 2 1 0 0 0 0
5 0 0 0 6 0	0 0 0 0 7 2 9 2	0 0 2 1 8 7 5	0 2 6 2 5 0 0
6 0 0 0 0 0	0 0 0 0 8 7 5 0	0 0 2 6 2 5 0	0 3 1 5 0 0 0
7 0 0 0 0 0	0 0 0 1 0 2 0 8	0 0 3 0 6 2 5	0 3 6 7 5 0 0
8 0 0 0 0 0	0 0 0 1 1 6 6 7	0 0 3 5 0 0 0	0 4 2 0 0 0 0
9 0 0 0 0 0	0 0 0 1 3 1 2 5	0 0 3 9 3 7 5	0 4 7 2 5 0 0

TABLE D'INTÉRÊTS SIMPLES.

A 5 1/2 pour 0/0 par an, pendant :

SOMMES PLACÉES.						1 JOUR.								1 MOIS.							1 AN.						
1	2	3	4	5	6	1	2	3	4	5	6	7	8	1	2	3	4	5	6	7	1	2	3	4	5	6	7
1	0	0	0	0	0	0	0	0	0	1	5	2	8	0	0	0	4	5	8	3	0	0	5	5	0	0	0
2	0	0	0	0	0	0	0	0	0	3	0	5	6	0	0	0	9	1	6	7	0	1	1	0	0	0	0
3	0	0	0	0	0	0	0	0	0	4	5	8	3	0	0	1	3	7	5	0	0	1	6	5	0	0	0
4	0	0	0	0	0	0	0	0	0	6	1	1	1	0	0	1	8	3	3	3	0	2	2	0	0	0	0
5	0	0	0	0	0	0	0	0	0	7	6	3	9	0	0	2	2	9	1	7	0	2	7	5	0	0	0
6	0	0	0	0	0	0	0	0	0	9	1	6	7	0	0	2	7	5	0	0	0	3	3	0	0	0	0
7	0	0	0	0	0	0	0	0	1	0	6	9	4	0	0	3	2	0	8	3	0	3	8	5	0	0	0
8	0	0	0	0	0	0	0	0	1	2	2	2	2	0	0	3	6	6	6	7	0	4	4	0	0	0	0
9	0	0	0	0	0	0	0	0	1	3	7	5	0	0	0	4	1	2	5	0	0	4	9	5	0	0	0

A 5 3/4 pour 0/0 par an, pendant :

SOMMES PLACÉES.						1 JOUR.								1 MOIS.							1 AN.						
1	2	3	4	5	6	1	2	3	4	5	6	7	8	1	2	3	4	5	6	7	1	2	3	4	5	6	7
1	0	0	0	0	0	0	0	0	0	1	5	9	7	0	0	0	4	7	9	2	0	0	5	7	5	0	0
2	0	0	0	0	0	0	0	0	0	3	1	9	4	0	0	0	9	5	8	3	0	1	1	5	0	0	0
3	0	0	0	0	0	0	0	0	0	4	7	9	2	0	0	1	4	3	7	5	0	1	7	2	5	0	0
4	0	0	0	0	0	0	0	0	0	6	3	8	9	0	0	1	9	1	6	7	0	2	3	0	0	0	0
5	0	0	0	0	0	0	0	0	0	7	9	8	6	0	0	2	3	9	5	9	0	2	8	7	5	0	0
6	0	0	0	0	0	0	0	0	0	9	5	8	3	0	0	2	8	7	5	0	0	3	4	5	0	0	0
7	0	0	0	0	0	0	0	0	1	1	1	8	0	0	0	3	3	5	4	1	0	4	0	2	5	0	0
8	0	0	0	0	0	0	0	0	1	2	7	7	8	0	0	3	8	3	3	3	0	4	6	0	0	0	0
9	0	0	0	0	0	0	0	0	1	4	3	7	5	0	0	4	3	1	2	5	0	5	1	7	5	0	0

TABLE D'INTÉRÊTS SIMPLES.

SOMMES PLACÉES.	A 6 pour 0/0 par an, ou 1/2 pour 0/0 par mois, pendant :
	Voir les Tables, pages 39 à 45 — 52 et 53.

USAGE DES TABLES.

Pour avoir l'intérêt d'une somme quelconque, PRENEZ AUTANT DE CHIFFRES QU'IL Y EN A DANS LA SOMME DONT VOUS VOULEZ LES INTÉRÊTS.

Quel est l'intérêt de 9520 fr., à 6 3/4 pour o/o par an?

9000 donnent.	607 fr. 50
500	33 75
20	1 35
donc 9520 donnent.	642 fr. 60

SOMMES PLACÉES.	A 6 1/4 p^r 0/0 par an, ou 1/2 p^r 0/0 par mois, pendant :		
	1 JOUR.	1 MOIS.	1 AN.
1 2 3 4 5 6	1 2 3 4 5 6 7 8	1 2 3 4 5 6 7	1 2 3 4 5 6 7
1 0 0 0 0 0	0 0 0 0 1 7 3 6	0 0 0 5 2 0 8	0 0 6 2 5 0 0
2 0 0 0 0 0	0 0 0 0 3 4 7 2	0 0 1 0 4 1 7	0 1 2 5 0 0 0
3 0 0 0 0 0	0 0 0 0 5 2 0 8	0 0 1 5 6 2 5	0 1 8 7 5 0 0
4 0 0 0 0 0	0 0 0 0 6 9 4 4	0 0 2 0 8 3 3	0 2 5 0 0 0 0
5 0 0 0 0 0	0 0 0 0 8 6 8 0	0 0 2 6 0 4 1	0 3 1 2 5 0 0
6 0 0 0 0 0	0 0 0 1 0 4 1 7	0 0 3 1 2 5 0	0 3 7 5 0 0 0
7 0 0 0 0 0	0 0 0 1 2 1 5 3	0 0 3 6 4 5 7	0 4 3 7 5 0 0
8 0 0 0 0 0	0 0 0 1 3 8 8 9	0 0 4 1 6 6 5	0 5 0 0 0 0 0
9 0 0 0 0 0	0 0 0 1 5 6 2 5	0 0 4 6 8 7 5	0 5 6 2 5 0 0

TABLE D'INTÉRÊTS SIMPLES.

A 6 1/2 p^r 0/0 par an, ou 1/2 p^r 0/0 par mois, pendant :

SOMMES PLACÉES.	1 JOUR.	1 MOIS.	1 AN.
1 2 3 4 5 6	1 2 3 4 5 6 7 8	1 2 3 4 5 6 7	1 2 3 4 5 6 7
1 0 0 0 0 0	0 0 0 0 1 8 0 5	0 0 0 5 4 1 7	0 0 6 5 0 0 0
2 0 0 0 0 0	0 0 0 0 3 6 1 1	0 0 1 0 8 3 3	0 1 3 0 0 0 0
3 0 0 0 0 0	0 0 0 0 5 4 1 7	0 0 1 6 2 5 0	0 1 9 5 0 0 0
4 0 0 0 0 0	0 0 0 0 7 2 2 2	0 0 2 1 6 6 7	0 2 6 0 0 0 0
5 0 0 0 0 0	0 0 0 0 9 0 2 8	0 0 2 7 0 8 3	0 3 2 5 0 0 0
6 0 0 0 0 0	0 0 0 1 0 8 3 3	0 0 3 2 5 0 0	0 3 9 0 0 0 0
7 0 0 0 0 0	0 0 0 1 2 6 3 9	0 0 3 7 9 1 6	0 4 5 5 0 0 0
8 0 0 0 0 0	0 0 0 1 4 4 4 4	0 0 4 3 3 3 3	0 5 2 0 0 0 0
9 0 0 0 0 0	0 0 0 1 6 2 5 0	0 0 4 8 7 5 0	0 5 8 5 0 0 0

A 6 3/4 p^r 0/0 par an, ou 1/2 p^r 0/0 par mois, pendant :

SOMMES PLACÉES.	1 JOUR.	1 MOIS.	1 AN.
1 2 3 4 5 6	1 2 3 4 5 6 7 8	1 2 3 4 5 6 7	1 2 3 4 5 6 7
1 0 0 0 0 0	0 0 0 0 1 8 7 5	0 0 0 5 6 2 5	0 0 6 7 5 0 0
2 0 0 0 0 0	0 0 0 0 3 7 5 0	0 0 1 1 2 5 0	0 1 3 5 0 0 0
3 0 0 0 0 0	0 0 0 0 5 6 2 5	0 0 1 6 8 7 5	0 2 0 2 5 0 0
4 0 0 0 0 0	0 0 0 0 7 5 0 0	0 0 2 2 5 0 0	0 2 7 0 0 0 0
5 0 0 0 0 0	0 0 0 0 9 3 7 5	0 0 2 8 1 2 5	0 3 3 7 5 0 0
6 0 0 0 0 0	0 0 0 1 1 2 5 0	0 0 3 3 7 5 0	0 4 0 5 0 0 0
7 0 0 0 0 0	0 0 0 1 3 1 2 5	0 0 3 9 3 7 5	0 4 7 2 5 0 0
8 0 0 0 0 0	0 0 0 1 5 0 0 0	0 0 4 5 0 0 0	0 5 4 0 0 0 0
9 0 0 0 0 0	0 0 0 1 6 8 7 5	0 0 5 0 6 2 5	0 6 0 7 5 0 0

TABLE D'INTÉRÊTS SIMPLES.

A 7 pour 0/0 par an, pendant :

SOMMES PLACÉES.						1 JOUR.								1 MOIS.							1 AN.						
1	2	3	4	5	6	1	2	3	4	5	6	7	8	1	2	3	4	5	6	7	1	2	3	4	5	6	7
1	0	0	0	0	0	0	0	0	0	1	9	4	4	0	0	0	5	8	3	3	0	0	7	0	0	0	0
2	0	0	0	0	0	0	0	0	0	3	8	8	9	0	0	1	1	6	6	7	0	1	4	0	0	0	0
3	0	0	0	0	0	0	0	0	0	5	8	3	3	0	0	1	7	5	0	0	0	2	1	0	0	0	0
4	0	0	0	0	0	0	0	0	0	7	7	7	8	0	0	2	3	3	3	3	0	2	8	0	0	0	0
5	0	0	0	0	0	0	0	0	0	9	7	2	2	0	0	2	9	1	6	7	0	3	5	0	0	0	0
6	0	0	0	0	0	0	0	0	1	1	6	6	7	0	0	3	5	0	0	0	0	4	2	0	0	0	0
7	0	0	0	0	0	0	0	0	1	3	6	1	1	0	0	4	0	8	3	3	0	4	9	0	0	0	0
8	0	0	0	0	0	0	0	0	1	5	5	5	5	0	0	4	6	6	6	7	0	5	6	0	0	0	0
9	0	0	0	0	0	0	0	0	1	7	5	0	0	0	0	5	2	5	0	0	0	6	3	0	0	0	0

A 7 1/4 pour 0/0 par an, pendant :

SOMMES PLACÉES.						1 JOUR.								1 MOIS.							1 AN.						
1	2	3	4	5	6	1	2	3	4	5	6	7	8	1	2	3	4	5	6	7	1	2	3	4	5	6	7
1	0	0	0	0	0	0	0	0	0	2	0	1	4	0	0	0	6	0	4	2	0	0	7	2	5	0	0
2	0	0	0	0	0	0	0	0	0	4	0	2	8	0	0	1	2	0	8	3	0	1	4	5	0	0	0
3	0	0	0	0	0	0	0	0	0	6	0	4	2	0	0	1	8	1	2	5	0	2	1	7	5	0	0
4	0	0	0	0	0	0	0	0	0	8	0	5	6	0	0	2	4	1	6	7	0	2	9	0	0	0	0
5	0	0	0	6	0	0	0	0	1	0	0	6	9	0	0	3	0	2	0	8	0	3	6	2	5	0	0
6	0	0	0	0	0	0	0	0	1	2	0	8	3	0	0	3	6	2	5	0	0	4	3	5	0	0	0
7	0	0	0	0	0	0	0	0	1	4	0	9	7	0	0	4	2	2	9	1	0	5	0	7	5	0	0
8	0	0	0	0	0	0	0	0	1	6	1	1	1	0	0	4	8	3	3	3	0	5	8	0	0	0	0
9	0	0	0	0	0	0	0	0	1	8	1	2	5	0	0	5	4	3	7	5	0	6	5	2	5	0	0

TABLE D'INTÉRÊTS SIMPLES.

A 7 1/2 pour 0/0 par an, pendant :

SOMMES PLACÉES.						1 JOUR.								1 MOIS.							1 AN.						
1	2	3	4	5	6	1	2	3	4	5	6	7	8	1	2	3	4	5	6	7	1	2	3	4	5	6	7
1	0	0	0	0	0	0	0	0	0	2	0	8	3	0	0	0	6	2	5	0	0	0	7	5	0	0	0
2	0	0	0	0	0	0	0	0	0	4	1	6	7	0	0	I	2	5	0	0	0	1	5	0	0	0	0
3	0	0	0	0	0	0	0	0	0	6	2	5	0	0	0	I	8	7	5	0	0	2	2	5	0	0	0
4	0	0	0	0	0	0	0	0	0	8	3	3	3	0	0	2	5	0	0	0	0	3	0	0	0	0	0
5	0	0	0	0	0	0	0	0	I	0	4	I	7	0	0	3	I	2	5	0	0	3	7	5	0	0	0
6	0	0	0	0	0	0	0	0	I	2	5	0	0	0	0	3	7	5	0	0	0	4	5	0	0	0	0
7	0	0	0	0	0	0	0	0	I	4	5	8	3	0	0	4	3	7	5	0	0	5	2	5	0	0	0
8	0	0	0	0	0	0	0	0	I	6	6	6	7	0	0	5	0	0	0	0	0	6	0	0	0	0	0
9	0	0	0	0	0	0	0	0	I	8	7	5	0	0	0	5	6	2	5	0	0	6	7	6	0	0	0

A 7 3/4 pour 0/0 par an, pendant :

SOMMES PLACÉES.						1 JOUR.								1 MOIS.							1 AN.						
1	2	3	4	5	6	1	2	3	4	5	6	7	8	1	2	3	4	5	6	7	1	2	3	4	5	6	7
1	0	0	0	0	0	0	0	0	0	2	1	5	3	0	0	0	6	4	5	8	0	0	7	7	5	0	0
2	0	0	0	0	0	0	0	0	0	4	3	0	5	0	0	I	2	9	I	7	0	1	5	5	0	0	0
3	0	0	0	0	0	0	0	0	0	6	4	5	8	0	0	I	9	3	7	5	0	2	3	2	5	0	0
4	0	0	0	0	0	0	0	0	0	8	6	1	1	0	0	2	5	8	3	3	0	3	I	0	0	0	0
5	0	0	0	0	0	0	0	0	I	0	7	6	4	0	0	3	2	2	9	I	0	3	8	7	5	0	0
6	0	0	0	0	0	0	0	0	I	2	9	I	7	0	0	3	8	7	5	0	0	4	6	5	0	0	0
7	0	0	0	0	0	0	0	0	I	5	0	6	9	0	0	4	5	2	0	8	0	5	4	2	5	0	0
8	0	0	0	0	0	0	0	0	I	7	2	2	2	0	0	5	I	6	6	6	0	6	2	0	0	0	0
9	0	0	0	0	0	0	0	0	I	9	3	7	5	0	0	5	8	I	2	5	0	6	9	7	5	0	0

TABLE D'INTÉRÊTS SIMPLES.

A 8 pour 0/0 par an, pendant :

SOMMES PLACÉES.						1 JOUR.								1 MOIS.							1 AN.						
1	2	3	4	5	6	1	2	3	4	5	6	7	8	1	2	3	4	5	6	7	1	2	3	4	5	6	7
1	0	0	0	0	0	0	0	0	0	2	2	2	2	0	0	0	6	6	6	7	0	0	8	0	0	0	0
2	0	0	0	0	0	0	0	0	0	4	4	4	4	0	0	I	3	3	3	3	0	I	6	0	0	0	0
3	0	0	0	0	0	0	0	0	0	6	6	6	7	0	0	2	0	0	0	0	0	2	4	0	0	0	0
4	0	0	0	0	0	0	0	0	0	8	8	8	9	0	0	2	6	6	6	7	0	3	2	0	0	0	0
5	0	0	0	0	0	0	0	0	I	I	I	I	I	0	0	3	3	3	3	3	0	4	0	0	0	0	0
6	0	0	0	0	0	0	0	0	I	3	3	3	3	0	0	4	0	0	0	0	0	4	8	0	0	0	0
7	0	0	0	0	0	0	0	0	I	5	5	5	5	0	0	4	6	6	6	7	0	5	6	0	0	0	0
8	0	0	0	0	0	0	0	0	I	7	7	7	8	0	0	5	3	3	3	3	0	6	4	0	0	0	0
9	0	0	0	0	0	0	0	0	2	0	0	0	0	0	0	6	0	0	0	0	0	7	2	0	0	0	0

A 8 1/4 pour 0/0 par an, pendant :

SOMMES PLACÉES.						1 JOUR.								1 MOIS.							1 AN.						
1	2	3	4	5	6	1	2	3	4	5	6	7	8	1	2	3	4	5	6	7	1	2	3	4	5	6	7
1	0	0	0	0	0	0	0	0	0	2	2	9	2	0	0	0	6	8	7	5	0	0	8	2	5	0	0
2	0	0	0	0	0	0	0	0	0	4	5	8	3	0	0	I	3	7	5	0	0	I	6	5	0	0	0
3	0	0	0	0	0	0	0	0	0	6	8	7	5	0	0	2	0	6	2	5	0	2	4	7	5	0	0
4	0	0	0	0	0	0	0	0	0	9	I	6	7	0	0	2	7	5	0	0	0	3	3	0	0	0	0
5	0	0	0	0	0	0	0	0	I	I	4	5	8	0	0	3	4	3	7	5	0	4	1	2	5	0	0
6	0	0	0	0	0	0	0	0	I	3	7	5	0	0	0	4	1	2	5	0	0	4	9	5	0	0	0
7	0	0	0	0	0	0	0	0	I	6	0	4	2	0	0	4	8	I	2	5	0	5	7	7	5	0	0
8	0	0	0	0	0	0	0	0	I	8	3	3	3	0	0	5	5	0	0	0	0	6	6	0	0	0	0
9	0	0	0	0	0	0	0	0	2	0	6	2	5	0	0	6	I	8	7	5	0	7	4	2	5	0	0

TABLE D'INTÉRÊTS SIMPLES.

SOMMES PLACÉES.	A 8 1/2 pour 0/0 par an, pendant :		
	1 JOUR.	1 MOIS.	1 AN.
1 2 3 4 5 6	1 2 3 4 5 6 7 8	1 2 3 4 5 6 7	1 2 3 4 5 6 7
1 0 0 0 0 0	0 0 0 0 2 3 6 1	0 0 0 7 0 8 3	0 0 8 5 0 0 0
2 0 0 0 0 0	0 0 0 0 4 7 2 2	0 0 1 4 1 6 7	0 1 7 0 0 0 0
3 0 0 0 0 0	0 0 0 0 7 0 8 3	0 0 2 1 2 5 0	0 2 5 5 0 0 0
4 0 0 0 0 0	0 0 0 0 9 4 4 4	0 0 2 8 3 3 3	0 3 4 0 0 0 0
5 0 0 0 0 0	0 0 0 1 1 8 0 5	0 0 3 5 4 1 6	0 4 2 5 0 0 0
6 0 0 0 0 0	0 0 0 1 4 1 6 7	0 0 4 2 5 0 0	0 5 1 0 0 0 0
7 0 0 0 0 0	0 0 0 1 6 5 2 8	0 0 4 9 5 8 3	0 5 9 5 0 0 0
8 0 0 0 0 0	0 0 0 1 8 8 8 9	0 0 5 6 6 6 7	0 6 8 0 0 0 0
9 0 0 0 0 0	0 0 0 2 1 2 5 0	0 0 6 3 7 5 0	0 7 6 5 0 0 0

SOMMES PLACÉES.	A 8 3/4 pour 0/0 par an, pendant :		
	1 JOUR.	1 MOIS.	1 AN.
1 2 3 4 5 6	1 2 3 4 5 6 7 8	1 2 3 4 5 6 7	1 2 3 4 5 6 7
1 0 0 0 0 0	0 0 0 0 2 4 3 0	0 0 0 7 2 9 2	0 0 8 7 5 0 0
2 0 0 0 0 0	0 0 0 0 4 8 6 1	0 0 1 4 5 8 3	0 1 7 5 0 0 0
3 0 0 0 0 0	0 0 0 0 7 2 9 2	0 0 2 1 8 7 5	0 2 6 2 5 0 0
4 0 0 0 0 0	0 0 0 0 9 7 2 2	0 0 1 9 1 6 6	0 3 5 0 0 0 0
5 0 0 0 0 0	0 0 0 1 2 1 5 3	0 0 3 6 4 5 8	0 4 3 7 5 0 0
6 0 0 0 0 0	0 0 0 1 4 5 8 3	0 0 4 3 7 5 0	0 5 2 5 0 0 0
7 0 0 0 0 0	0 0 0 1 7 0 1 4	0 0 5 1 0 4 1	0 6 1 2 5 0 0
8 0 0 0 0 0	0 0 0 1 9 4 4 4	0 0 5 8 3 3 3	0 7 0 0 0 0 0
9 0 0 0 0 0	0 0 0 2 1 8 7 5	0 0 6 5 6 2 5	0 7 8 7 5 0 0

TABLE D'INTÉRÊTS SIMPLES.

SOMMES PLACÉES.	A 9 pour 0/0 par an, ou 3/4 par mois, pendant :		
	1 JOUR.	1 MOIS.	1 AN.
1 2 3 4 5 6	1 2 3 4 5 6 7 8	1 2 3 4 5 6 7	1 2 3 4 5 6 7
1 0 0 0 0 0	0 0 0 0 2 5 0 0	0 0 0 7 5 0 0	0 0 9 0 0 0 0
2 0 0 0 0 0	0 0 0 0 5 0 0 0	0 0 1 5 0 0 0	0 1 8 0 0 0 0
3 0 0 0 0 0	0 0 0 0 7 5 0 0	0 0 2 2 5 0 0	0 2 7 0 0 0 0
4 0 0 0 0 0	0 0 0 1 0 0 0 0	0 0 3 0 0 0 0	0 3 6 0 0 0 0
5 0 0 0 0 0	0 0 0 1 2 5 0 0	0 0 3 7 5 0 0	0 4 5 0 0 0 0
6 0 0 0 0 0	0 0 0 1 5 0 0 0	0 0 4 5 0 0 0	0 5 4 0 0 0 0
7 0 0 0 0 0	0 0 0 1 7 5 0 0	0 0 5 2 5 0 0	0 6 3 0 0 0 0
8 0 0 0 0 0	0 0 0 2 0 0 0 0	0 0 6 0 0 0 0	0 7 2 0 0 0 0
9 0 0 0 0 0	0 0 0 2 2 5 0 0	0 0 6 7 5 0 0	0 8 1 0 0 0 0

SOMMES PLACÉES.	A 9 1/4 pour 0/0 par an, pendant :		
	1 JOUR.	1 MOIS.	1 AN.
1 2 3 4 5 6	1 2 3 4 5 6 7 8	1 2 3 4 5 6 7	1 2 3 4 5 6 7
1 0 0 0 0 0	0 0 0 0 2 5 6 9	0 0 0 7 7 0 8	0 0 9 2 5 0 0
2 0 0 0 0 0	0 0 0 0 5 1 3 9	0 0 1 5 4 1 7	0 1 8 5 0 0 0
3 0 0 0 0 0	0 0 0 0 7 7 0 8	0 0 2 3 1 2 5	0 2 7 7 5 0 0
4 0 0 0 0 0	0 0 0 1 0 2 7 8	0 0 3 0 8 3 3	0 3 7 0 0 0 0
5 0 0 0 6 0	0 0 0 1 2 8 4 7	0 0 3 8 5 4 2	0 4 6 2 5 0 0
6 0 0 0 0 0	0 0 0 1 5 4 1 7	0 0 4 6 2 5 0	0 5 5 5 0 0 0
7 0 0 0 0 0	0 0 0 1 7 9 8 6	0 0 5 3 9 5 8	0 6 4 7 5 0 0
8 0 0 0 0 0	0 0 0 2 0 5 5 6	0 0 6 1 6 6 7	0 7 4 0 0 0 0
9 0 0 0 0 0	0 0 0 2 3 1 2 5	0 0 6 9 3 7 5	0 8 3 2 5 0 0

TABLE D'INTÉRÊTS SIMPLES.

A 9 1/2 pour 0/0 par an, pendant :

SOMMES PLACÉES.						1 JOUR.								1 MOIS.							1 AN.						
1	2	3	4	5	6	1	2	3	4	5	6	7	8	1	2	3	4	5	6	7	1	2	3	4	5	6	7
1	0	0	0	0	0	0	0	0	0	2	6	3	9	0	0	0	7	9	1	7	0	0	9	5	0	0	0
2	0	0	0	0	0	0	0	0	0	5	2	7	8	0	0	1	5	8	3	3	0	1	9	0	0	0	0
3	0	0	0	0	0	0	0	0	0	7	9	1	7	0	0	2	3	7	5	0	0	2	8	5	0	0	0
4	0	0	0	0	0	0	0	0	1	0	5	5	6	0	0	3		6	6	7	0	3	8	0	0	0	0
5	0	0	0	0	0	0	0	0	1	3	1	9	4	0	0	3	9	5	8	3	0	4	7	5	0	0	0
6	0	0	0	0	0	0	0	0	1	5	8	3	3	0	0	4	7	5	0	0	0	5	7	0	0	0	0
7	0	0	0	0	0	0	0	0	1	8	4	7	2	0	0	5	5	4	1	7	0	6	6	5	0	0	0
8	0	0	0	0	0	0	0	0	2	1	1	1	1	0	0	6	3	3	3	3	0	7	6	0	0	0	0
9	0	0	0	0	0	0	0	0	2	3	7	5	0	0	0	7	1	2	5	0	0	8	5	5	0	0	0

A 9 3/4 pour 0/0 par an, pendant :

SOMMES PLACÉES.						1 JOUR.								1 MOIS.							1 AN.						
1	2	3	4	5	6	1	2	3	4	5	6	7	8	1	2	3	4	5	6	7	1	2	3	4	5	6	7
1	0	0	0	0	0	0	0	0	0	2	7	0	8	0	0	0	8	1	2	5	0	0	9	7	5	0	0
2	0	0	0	0	0	0	0	0	0	5	4	1	7	0	0	1	6	2	5	0	0	1	9	5	0	0	0
3	0	0	0	0	0	0	0	0	0	8	1	2	5	0	0	2	4	3	7	5	0	2	9	2	5	0	0
4	0	0	0	0	0	0	0	0	1	0	8	3	3	0	0	3	2	5	0	0	0	3	9	0	0	0	0
5	0	0	0	0	0	0	0	0	1	3	5	4	1	0	0	4	0	6	2	5	0	4	8	7	5	0	0
6	0	0	0	0	0	0	0	0	1	6	2	5	0	0	0	4	8	7	5	0	0	5	8	5	0	0	0
7	0	0	0	0	0	0	0	0	1	8	9	5	8	0	0	5	6	8	7	5	0	6	8	2	5	0	0
8	0	0	0	0	0	0	0	0	2	1	6	6	7	0	0	6	5	0	0	0	0	7	8	0	0	0	0
9	0	0	0	0	0	0	0	0	2	4	3	7	5	0	0	7	3	1	2	5	0	8	7	7	5	0	0

TABLE D'INTÉRÊTS SIMPLES.

À 10 pour 0/0 par an, pendant :

SOMMES PLACÉES.	1 JOUR.	1 MOIS.	1 AN.
1 0 0 0 0 0	0 0 0 0 2 7 7 8	0 0 0 8 3 3 3	0 1 0 0 0 0 0
2 0 0 0 0 0	0 0 0 0 5 5 5 5	0 0 1 6 6 6 7	0 2 0 0 0 0 0
3 0 0 0 0 0	0 0 0 0 8 3 3 3	0 0 2 5 0 0 0	0 3 0 0 0 0 0
4 0 0 0 0 0	0 0 0 1 1 1 1 1	0 0 3 3 3 3 3	0 4 0 0 0 0 0
5 0 0 0 0 0	0 0 0 1 3 8 8 9	0 0 4 1 6 6 7	0 5 0 0 0 0 0
6 0 0 0 0 0	0 0 0 1 6 6 6 7	0 0 5 0 0 0 0	0 6 0 0 0 0 0
7 0 0 0 0 0	0 0 0 1 9 4 4 4	0 0 5 8 3 3 3	0 7 0 0 0 0 0
8 0 0 0 0 0	0 0 0 2 2 2 2 2	0 0 6 6 6 6 7	0 8 0 0 0 0 0
9 0 0 0 0 0	0 0 0 2 5 0 0 0	0 0 7 5 0 0 0	0 9 0 0 0 0 0

À 11 pour 0/0 par an, pendant :

SOMMES PLACÉES.	1 JOUR.	1 MOIS.	1 AN.
1 0 0 0 0 0	0 0 0 0 3 0 5 5	0 0 0 9 1 6 7	0 1 1 0 0 0 0
2 0 0 0 0 0	0 0 0 0 6 1 1 1	0 0 1 8 3 3 3	0 2 2 0 0 0 0
3 0 0 0 0 0	0 0 0 0 9 1 6 7	0 0 2 7 5 0 0	0 3 3 0 0 0 0
4 0 0 0 0 0	0 0 0 1 2 2 2 2	0 0 3 6 6 6 7	0 4 4 0 0 0 0
5 0 0 0 0 0	0 0 0 1 5 2 7 8	0 0 4 5 8 3 4	0 5 5 0 0 0 0
6 0 0 0 0 0	0 0 0 1 8 3 3 3	0 0 5 5 0 0 0	0 6 6 0 0 0 0
7 0 0 0 0 0	0 0 0 2 1 3 8 9	0 0 6 4 1 6 7	0 7 7 0 0 0 0
8 0 0 0 0 0	0 0 0 2 4 4 4 4	0 0 7 3 3 3 3	0 8 8 0 0 0 0
9 0 0 0 0 0	0 0 0 2 7 5 0 0	0 0 8 2 5 0 0	0 9 9 0 0 0 0

TABLE D'INTÉRÊTS SIMPLES.

A 12 pour 0/0 par an, pendant :

SOMMES PLACÉES.	1 JOUR.	1 MOIS.	1 AN.
1 2 3 4 5 6	1 2 3 4 5 6 7 8	1 2 3 4 5 6 7	1 2 3 4 5 6 7
1 0 0 0 0 0	0 0 0 0 3 3 3 3	0 0 1 0 0 0 0	0 1 2 0 0 0 0
2 0 0 0 0 0	0 0 0 0 6 6 6 7	0 0 2 0 0 0 0	0 2 4 0 0 0 0
3 0 0 0 0 0	0 0 0 1 0 0 0 0	0 0 3 6 0 0 0	0 3 6 0 0 0 0
4 0 0 0 0 0	0 0 0 1 3 3 3 3	0 0 4 8 0 0 0	0 4 8 0 0 0 0
5 0 0 0 0 0	0 0 0 1 6 6 6 7	0 0 5 0 0 0 0	0 6 0 0 0 0 0
6 0 0 0 0 0	0 0 0 2 0 0 0 0	0 0 6 0 0 0 0	0 7 2 0 0 0 0
7 0 0 0 0 0	0 0 0 2 3 3 3 3	0 0 7 0 0 0 0	0 8 4 0 0 0 0
8 0 0 0 0 0	0 0 0 2 6 6 6 7	0 0 8 0 0 0 0	0 9 6 0 0 0 0
9 0 0 0 0 0	0 0 0 3 0 0 0 0	0 0 9 0 0 0 0	1 0 8 0 0 0 0

A 13 pour 0/0 par an, pendant :

SOMMES PLACÉES.	1 JOUR.	1 MOIS.	1 AN.
1 2 3 4 5 6	1 2 3 4 5 6 7 8	1 2 3 4 5 6 7	1 2 3 4 5 6 7
1 0 0 0 0 0	0 0 0 0 3 6 1 1	0 0 1 0 8 3 3	0 1 3 0 0 0 0
2 0 0 0 0 0	0 0 0 0 7 2 2 2	0 0 2 1 6 6 7	0 2 6 0 0 0 0
3 0 0 0 0 0	0 0 0 1 0 8 3 3	0 0 3 2 5 0 0	0 3 9 0 0 0 0
4 0 0 0 0 0	0 0 0 1 4 4 4 4	0 0 4 3 3 3 3	0 5 2 0 0 0 0
5 0 0 0 0 0	0 0 0 1 8 0 5 5	0 0 5 4 1 6 7	0 6 5 0 0 0 0
6 0 0 0 0 0	0 0 0 2 1 6 6 7	0 0 6 5 0 0 0	0 7 8 0 0 0 0
7 0 0 0 0 0	0 0 0 2 5 2 7 8	0 0 7 5 8 3 3	0 9 1 0 0 0 0
8 0 0 0 0 0	0 0 0 2 8 8 8 9	0 0 8 6 6 6 7	1 0 4 0 0 0 0
9 0 0 0 0 0	0 0 0 3 2 5 0 0	0 0 9 7 5 0 0	1 1 7 0 0 0 0

TABLE D'INTÉRÊTS SIMPLES.

A 14 pour 0/0 par an, pendant :

SOMMES PLACÉES.						1 JOUR.								1 MOIS.							1 AN.						
1	2	3	4	5	6	1	2	3	4	5	6	7	8	1	2	3	4	5	6	7	1	2	3	4	5	6	7
1	0	0	0	0	0	0	0	0	0	3	8	8	9	0	0	1	1	6	6	7	0	1	4	0	0	0	0
2	0	0	0	0	0	0	0	0	0	7	7	7	8	0	0	2	3	3	3	3	0	2	8	0	0	0	0
3	0	0	0	0	0	0	0	0	1	1	6	6	7	0	0	3	5	0	0	0	0	4	2	0	0	0	0
4	0	0	0	0	0	0	0	0	1	5	5	5	6	0	0	4	6	6	6	7	0	5	6	0	0	0	0
5	0	0	0	0	0	0	0	0	1	9	4	4	4	0	0	5	8	3	3	3	0	7	0	0	0	0	0
6	0	0	0	0	0	0	0	0	2	3	3	3	3	0	0	7	0	0	0	0	0	8	4	0	0	0	0
7	0	0	0	0	0	0	0	0	2	7	2	2	2	0	0	8	1	6	6	7	0	9	8	0	0	0	0
8	0	0	0	0	0	0	0	0	3	1	1	1	1	0	0	9	3	3	3	3	1	1	2	0	0	0	0
9	0	0	0	0	0	0	0	0	3	5	0	0	0	0	1	0	5	0	0	0	1	2	6	0	0	0	0

A 15 pour 0/0 par an, pendant :

SOMMES PLACÉES.						1 JOUR.								1 MOIS.							1 AN.						
1	2	3	4	5	6	1	2	3	4	5	6	7	8	1	2	3	4	5	6	7	1	2	3	4	5	6	7
1	0	0	0	0	0	0	0	0	0	4	1	6	7	0	0	1	2	5	0	0	0	1	5	0	0	0	0
2	0	0	0	0	0	0	0	0	0	8	3	3	3	0	0	2	5	0	0	0	0	3	0	0	0	0	0
3	0	0	0	0	0	0	0	0	1	2	5	0	0	0	0	3	7	5	0	0	0	4	5	0	0	0	0
4	0	0	0	0	0	0	0	0	1	6	6	6	7	0	0	5	0	0	0	0	0	6	0	0	0	0	0
5	0	0	0	6	0	0	0	0	2	0	8	3	3	0	0	6	2	5	0	0	0	7	5	0	0	0	0
6	0	0	0	0	0	0	0	0	2	5	0	0	0	0	0	7	5	0	0	0	0	9	0	0	0	0	0
7	0	0	0	0	0	0	0	0	2	9	1	6	7	0	0	8	7	5	0	0	1	0	5	0	0	0	0
8	0	0	0	0	0	0	0	0	3	3	3	3	3	0	1	0	0	0	0	0	1	2	0	0	0	0	0
9	0	0	0	0	0	0	0	0	3	7	5	0	0	0	1	1	2	5	0	0	1	3	5	0	0	0	0

TABLE D'INTÉRÊTS SIMPLES.

A 16 pour 0/0 par an, pendant :

SOMMES PLACÉES						1 JOUR.								1 MOIS.							1 AN.						
1	2	3	4	5	6	1	2	3	4	5	6	7	8	1	2	3	4	5	6	7	1	2	3	4	5	6	7
1	0	0	0	0	0	0	0	0	0	4	4	4	4	0	0	1	3	3	3	3	0	1	6	0	0	0	0
2	0	0	0	0	0	0	0	0	0	8	8	8	9	0	0	2	6	6	6	7	0	3	2	0	0	0	0
3	0	0	0	0	0	0	0	0	1	3	3	3	3	0	0	4	0	0	0	0	0	4	8	0	0	0	0
4	0	0	0	0	0	0	0	0	1	7	7	7	8	0	0	5	3	3	3	3	0	6	4	0	0	0	0
5	0	0	0	0	0	0	0	0	2	2	2	2	2	0	0	6	6	6	6	7	0	8	0	0	0	0	0
6	0	0	0	0	0	0	0	0	2	6	6	6	7	0	0	8	0	0	0	0	0	9	6	0	0	0	0
7	0	0	0	0	0	0	0	0	3	1	1	1	1	0	0	9	3	3	3	3	1	1	2	0	0	0	0
8	0	0	0	0	0	0	0	0	3	5	5	5	5	0	1	0	6	6	6	7	1	2	8	0	0	0	0
9	0	0	0	0	0	0	0	0	4	0	0	0	0	0	1	2	0	0	0	0	1	4	4	0	0	0	0

A 17 pour 0/0 par an, pendant :

SOMMES PLACÉES						1 JOUR.								1 MOIS.							1 AN.						
1	2	3	4	5	6	1	2	3	4	5	6	7	8	1	2	3	4	5	6	7	1	2	3	4	5	6	7
1	0	0	0	0	0	0	0	0	0	4	7	2	2	0	0	1	4	1	6	7	0	1	7	0	0	0	0
2	0	0	0	0	0	0	0	0	0	9	4	4	4	0	0	2	8	3	3	3	0	3	4	0	0	0	0
3	0	0	0	0	0	0	0	0	1	4	1	6	7	0	0	4	2	5	0	0	0	5	1	0	0	0	0
4	0	0	0	0	0	0	0	0	1	8	8	8	9	0	0	5	6	6	6	7	0	6	8	0	0	0	0
5	0	0	0	0	0	0	0	0	2	3	6	1	1	0	0	7	0	8	3	3	0	8	5	0	0	0	0
6	0	0	0	0	0	0	0	0	2	8	3	3	3	0	0	8	5	0	0	0	1	0	2	0	0	0	0
7	0	0	0	0	0	0	0	0	3	3	0	5	5	0	0	9	9	1	6	7	1	1	9	0	0	0	0
8	0	0	0	0	0	0	0	0	3	7	7	7	8	0	1	1	3	3	3	3	1	3	6	0	0	0	0
9	0	0	0	0	0	0	0	0	4	2	5	0	0	0	1	2	7	5	0	0	1	5	3	0	0	0	0

TABLE D'INTÉRÊTS SIMPLES.

A 18 pour 0/0 par an, pendant :

SOMMES PLACÉES.						1 JOUR.								1 MOIS.							1 AN.						
1	2	3	4	5	6	1	2	3	4	5	6	7	8	1	2	3	4	5	6	7	1	2	3	4	5	6	7
1	0	0	0	0	0	0	0	0	0	5	0	0	0	0	0	1	5	0	0	0	0	1	8	0	0	0	0
2	0	0	0	0	0	0	0	0	1	0	0	0	0	0	0	3	0	0	0	0	0	3	6	0	0	0	0
3	0	0	0	0	0	0	0	0	1	5	0	0	0	0	0	4	5	0	0	0	0	5	4	0	0	0	0
4	0	0	0	0	0	0	0	0	2	0	0	0	0	0	0	6	0	0	0	0	0	7	2	0	0	0	0
5	0	0	0	0	0	0	0	0	2	5	0	0	0	0	0	7	5	0	0	0	0	9	0	0	0	0	0
6	0	0	0	0	0	0	0	0	3	0	0	0	0	0	0	9	0	0	0	0	1	0	8	0	0	0	0
7	0	0	0	0	0	0	0	0	3	5	0	0	0	0	1	0	5	0	0	0	1	2	6	0	0	0	0
8	0	0	0	0	0	0	0	0	4	0	0	0	0	0	1	2	0	0	0	0	1	4	4	0	0	0	0
9	0	0	0	0	0	0	0	0	4	5	0	0	0	0	1	3	5	0	0	0	1	6	2	0	0	0	0

A 19 pour 0/0 par an, pendant :

SOMMES PLACÉES.						1 JOUR.								1 MOIS.							1 AN.						
1	2	3	4	5	6	1	2	3	4	5	6	7	8	1	2	3	4	5	6	7	1	2	3	4	5	6	7
1	0	0	0	0	0	0	0	0	0	5	2	7	8	0	0	1	5	8	3	3	0	1	9	0	0	0	0
2	0	0	0	0	0	0	0	0	1	0	5	5	6	0	0	3	1	6	6	7	0	3	8	0	0	0	0
3	0	0	0	0	0	0	0	0	1	5	8	3	3	0	0	4	7	5	0	0	0	5	7	0	0	0	0
4	0	0	0	0	0	0	0	0	2	1	1	1	1	0	0	6	3	3	3	3	0	7	6	0	0	0	0
5	0	0	0	0	0	0	0	0	2	6	3	8	9	0	0	7	9	1	6	7	0	9	5	0	0	0	0
6	0	0	0	0	0	0	0	0	3	1	6	6	7	0	0	9	5	0	0	0	1	1	4	0	0	0	0
7	0	0	0	0	0	0	0	0	3	6	9	4	4	0	1	1	0	8	3	3	1	3	3	0	0	0	0
8	0	0	0	0	0	0	0	0	4	2	2	2	2	0	1	2	6	6	6	7	1	5	2	0	0	0	0
9	0	0	0	0	0	0	0	0	4	7	5	0	0	0	1	4	2	5	0	0	1	7	1	0	0	0	0

TABLE D'INTÉRÊTS SIMPLES.

A 20 pour 0/0 par an, pendant :

SOMMES PLACÉES.	1 JOUR.	1 MOIS.	1 AN.
1 2 3 4 5 6	1 2 3 4 5 6 7 8	1 2 3 4 5 6 7	1 2 3 4 5 6 7
1 0 0 0 0 0	0 0 0 0 5 5 5 5	0 0 1 6 6 6 7	0 2 0 0 0 0 0
2 0 0 0 0 0	0 0 0 1 1 1 1 1	0 0 3 3 3 3 3	0 4 0 0 0 0 0
3 0 0 0 0 0	0 0 0 1 6 6 6 7	0 0 5 0 0 0 0	0 6 0 0 0 0 0
4 0 0 0 0 0	0 0 0 2 2 2 2 2	0 0 6 6 6 6 7	0 8 0 0 0 0 0
5 0 0 0 0 0	0 0 0 2 7 7 7 8	0 0 8 3 3 3 3	1 0 0 0 0 0 0
6 0 0 0 0 0	0 0 0 3 3 3 3 3	0 1 0 0 0 0 0	1 2 0 0 0 0 0
7 0 0 0 0 0	0 0 0 3 8 8 8 9	0 1 1 6 6 6 7	1 4 0 0 0 0 0
8 0 0 0 0 0	0 0 0 4 4 4 4 4	0 1 3 3 3 3 3	1 6 0 0 0 0 0
9 0 0 0 0 0	0 0 0 5 0 0 0 0	0 1 5 0 0 0 0	1 8 0 0 0 0 0

A 21 pour 0/0 par an, pendant :

SOMMES PLACÉES.	1 JOUR.	1 MOIS.	1 AN.
1 2 3 4 5 6	1 2 3 4 5 6 7 8	1 2 3 4 5 6 7	1 2 3 4 5 6 7
1 0 0 0 0 0	0 0 0 0 5 8 3 3	0 0 1 7 5 0 0	0 2 1 0 0 0 0
2 0 0 0 0 0	0 0 0 1 1 6 6 7	0 0 3 5 0 0 0	0 4 2 0 0 0 0
3 0 0 0 0 0	0 0 0 1 7 5 0 0	0 0 5 2 5 0 0	0 6 3 0 0 0 0
4 0 0 0 0 0	0 0 0 1 3 3 3 3	0 0 7 0 0 0 0	0 8 4 0 0 0 0
5 0 0 0 0 0	0 0 0 2 9 1 6 7	0 0 8 7 5 0 0	1 0 5 0 0 0 0
6 0 0 0 0 0	0 0 0 3 5 0 0 0	0 1 0 5 0 0 0	1 2 6 0 0 0 0
7 0 0 0 0 0	0 0 0 4 0 8 3 3	0 1 2 2 5 0 0	1 4 7 0 0 0 0
8 0 0 0 0 0	0 0 0 4 6 6 6 7	0 1 4 0 0 0 0	1 6 8 0 0 0 0
9 0 0 0 0 0	0 0 0 5 2 5 0 0	0 1 5 7 5 0 0	1 8 9 0 0 0 0

TABLE D'INTÉRÊTS SIMPLES.

A 22 pour 0/0 par an, pendant :

SOMMES PLACÉES.						1 JOUR.								1 MOIS.							1 AN.						
1	2	3	4	5	6	1	2	3	4	5	6	7	8	1	2	3	4	5	6	7	1	2	3	4	5	6	7
1	0	0	0	0	0	0	0	0	0	6	1	1	1	0	0	1	8	3	3	3	0	2	2	0	0	0	0
2	0	0	0	0	0	0	0	0	1	2	2	2	2	0	0	3	6	6	6	7	0	4	4	0	0	0	0
3	0	0	0	0	0	0	0	0	1	8	3	3	3	0	0	5	5	0	0	0	0	6	6	0	0	0	0
4	0	0	0	0	0	0	0	0	2	4	4	4	4	0	0	7	3	3	3	3	0	8	8	0	0	0	0
5	0	0	0	0	0	0	0	0	3	0	5	5	5	0	0	9	1	6	6	7	1	1	0	0	0	0	0
6	0	0	0	0	0	0	0	0	3	6	6	6	7	0	1	1	0	0	0	0	1	3	2	0	0	0	0
7	0	0	0	0	0	0	0	0	4	2	7	7	8	0	1	2	8	3	3	3	1	5	4	0	0	0	0
8	0	0	0	0	0	0	0	0	4	8	8	8	9	0	1	4	6	6	6	7	1	7	6	0	0	0	0
9	0	0	0	0	0	0	0	0	5	5	0	0	0	0	1	6	5	0	0	0	1	9	8	0	0	0	0

A 23 pour 0/0 par an, pendant :

SOMMES PLACÉES.						1 JOUR.								1 MOIS.							1 AN.						
1	2	3	4	5	6	1	2	3	4	5	6	7	8	1	2	3	4	5	6	7	1	2	3	4	5	6	7
1	0	0	0	0	0	0	0	0	0	6	3	8	9	0	0	1	9	1	6	7	0	2	3	0	0	0	0
2	0	0	0	0	0	0	0	0	1	2	7	7	8	0	0	3	8	3	3	3	0	4	6	0	0	0	0
3	0	0	0	0	0	0	0	0	1	9	1	6	7	0	0	5	7	5	0	0	0	6	9	0	0	0	0
4	0	0	0	0	0	0	0	0	2	5	5	5	6	0	0	7	6	6	6	7	0	9	2	0	0	0	0
5	0	0	0	6	0	0	0	0	3	1	9	4	4	0	0	9	5	8	3	3	1	1	5	0	0	0	0
6	0	0	0	0	0	0	0	0	3	8	3	3	3	0	1	1	5	0	0	0	1	3	8	0	0	0	0
7	0	0	0	0	0	0	0	0	4	4	7	2	2	0	1	3	4	1	6	7	1	6	1	0	0	0	0
8	0	0	0	0	0	0	0	0	5	1	1	1	1	0	1	5	3	3	3	3	1	8	4	0	0	0	0
9	0	0	0	0	0	0	0	0	5	7	5	0	0	0	1	7	2	5	0	0	2	0	7	0	0	0	0

TABLE D'INTÉRÊTS SIMPLES.

A 24 pour 0/0 par an, pendant :

SOMMES PLACÉES.	1 JOUR.	1 MOIS.	1 AN.
1 2 3 4 5 6	1 2 3 4 5 6 7 8	1 2 3 4 5 6 7	1 2 3 4 5 6 7
1 0 0 0 0 0	0 0 0 0 6 6 6 7	0 0 2 0 0 0 0	0 2 4 0 0 0 0
2 0 0 0 0 0	0 0 0 1 3 3 3 3	0 0 4 0 0 0 0	0 4 8 0 0 0 0
3 0 0 0 0 0	0 0 0 2 0 0 0 0	0 0 6 0 0 0 0	0 7 2 0 0 0 0
4 0 0 0 0 0	0 0 0 2 6 6 6 7	0 0 8 0 0 0 0	0 9 6 0 0 0 0
5 0 0 0 0 0	0 0 0 3 3 3 3 3	0 1 0 0 0 0 0	1 2 0 0 0 0 0
6 0 0 0 0 0	0 0 0 4 0 0 0 0	0 1 2 0 0 0 0	1 4 4 0 0 0 0
7 0 0 0 0 0	0 0 0 4 6 6 6 7	0 1 4 0 0 0 0	1 6 8 0 0 0 0
8 0 0 0 0 0	0 0 0 5 3 3 3 3	0 1 6 0 0 0 0	1 9 2 0 0 0 0
9 0 0 0 0 0	0 0 0 6 0 0 0 0	0 1 8 0 0 0 0	2 1 6 0 0 0 0

A 25 pour 0/0 par an, pendant :

SOMMES PLACÉES.	1 JOUR.	1 MOIS.	1 AN.
1 2 3 4 5 6	1 2 3 4 5 6 7 8	1 2 3 4 5 6 7	1 2 3 4 5 6 7
1 0 0 0 0 0	0 0 0 0 6 9 4 4	0 0 2 0 8 3 3	0 2 5 0 0 0 0
2 0 0 0 0 0	0 0 0 1 3 8 8 9	0 0 4 1 6 6 7	0 5 0 0 0 0 0
3 0 0 0 0 0	0 0 0 2 0 8 3 3	0 0 6 2 5 0 0	0 7 5 0 0 0 0
4 0 0 0 0 0	0 0 0 2 7 7 7 8	0 0 8 3 3 3 3	1 0 0 0 0 0 0
5 0 0 0 6 0	0 0 0 3 4 7 2 2	0 1 0 4 1 6 7	1 2 5 0 0 0 0
6 0 0 0 0 0	0 0 0 4 1 6 6 7	0 1 2 5 0 0 0	1 5 0 0 0 0 0
7 6 0 0 0 0	0 0 0 4 8 6 1 1	0 1 4 5 8 3 3	1 7 5 0 0 0 0
8 0 0 0 0 0	0 0 0 5 5 5 5 5	0 1 6 6 6 6 7	2 0 0 0 0 0 0
9 0 0 0 0 0	0 0 0 6 2 5 0 0	0 1 8 7 5 0 0	2 2 5 0 0 0 0

TABLE

DU MONTANT DES DOUZIÈMES DE CONTRIBUTIONS,

depuis 1 fr. jusqu'à 900,000 fr.

L'utilité *de cette Table* répond à autant de besoins qu'il y a de contribuables dans un royaume, c'est-à-dire à des millions d'individus.

Basée sur le même principe que celui de nos Tables d'intérêts, la manière de s'en servir doit être aussi la même (page 7) (I).

Ainsi 100 *fr. étant la cote annuelle d'un contribuable*, en séparant 3 chiffres (puisqu'il y en a *trois* dans la somme due), le I douzième donnera 008 f. 33.

les II douz^mes donneront 091 f. 66.

La cote étant de 250 fr., combien devra-t-on pour les 3 douzièmes?

pour 200 fr. on devrait	50 fr. 00 c.
pour 50	12 50

donc pour 250 fr. on devra par trimestre 68 fr. 50

Le Ier douzième échoit naturellement au Ier février, et les 12 douzièmes au Ier janvier de l'année suivante, puisque le droit fiscal de la contribution (2) commence au 1er janvier.

(1) PRENEZ (*sur la gauche de la colonne correspondante*) AUTANT DE CHIFFRES QU'IL Y EN A DANS LA SOMME DUE PAR LE CONTRIBUABLE.

Les chiffres ainsi séparés (*à gauche*) expriment les francs, ceux qui restent (*à droite* de la virgule) expriment les centimes et les parties de centime que doit payer le contribuable pour ses douzièmes de contributions.

(2) Les contributions actuelles sont directes ou indirectes.

Les *contributions directes* sont au nombre de quatre, savoir : la *contribution foncière*, la *contribution personnelle et mobilière*, la *contribution des portes et fenêtres* et les *patentes*.

Les *contributions indirectes*, ce sont tous les impôts assis sur la fabrication, la vente, le transport et l'introduction de plusieurs objets de commerce et de consommation, impôt dont le produit, ordinairement avancé par le fabricant, le marchand ou le voiturier, est supporté et indirectement payé par le consommateur.

Les *contributions directes* sont votées pour un an. On y ajoute les *centimes additionnels* destinés aux dépenses administratives, et les *centimes facultatifs*, dont on autorise la perception pour besoins locaux jusqu'à un certain maximum.

Chaque mois les contribuables doivent payer leur douzième échu, sous peine d'être immédiatement poursuivis par le percepteur, et d'être saisis, après les formalités de la *contrainte*, de la *garnison* et du *commandement*.

TABLE des douzièmes de Contributions.

SOMMES dues par le contribuable.						POUR 1 DOUZIÈME (échu le 1er février).								POUR 2 DOUZIÈMES (1er mars).								POUR 3 DOUZIÈMES (1er avril).							
1	2	3	4	5	6	1	2	3	4	5	6	7	8	1	2	3	4	5	6	7	8	1	2	3	4	5	6	7	8
1	0	0	0	0	0	0	0	8	3	3	3	3	3	0	1	6	6	6	6	6	7	0	2	5	0	0	0	0	0
2	0	0	0	0	0	0	1	6	6	6	6	6	7	0	3	3	3	3	3	3	3	0	5	0	0	0	0	0	0
3	0	0	0	0	0	0	2	5	0	0	0	0	0	0	5	0	0	0	0	0	0	0	7	5	0	0	0	0	0
4	0	0	0	0	0	0	3	3	3	3	3	3	3	0	6	6	6	6	6	6	7	1	0	0	0	0	0	0	0
5	0	0	0	0	0	0	4	1	6	6	6	6	7	0	8	3	3	3	3	3	3	1	2	5	0	0	0	0	0
6	0	0	0	0	0	0	5	0	0	0	0	0	0	1	0	0	0	0	0	0	0	1	5	0	0	0	0	0	0
7	0	0	0	0	0	0	5	8	3	3	3	3	3	1	1	6	6	6	6	6	7	1	7	5	0	0	0	0	0
8	0	0	0	0	0	0	6	6	6	6	6	6	7	1	3	3	3	3	3	3	3	2	0	0	0	0	0	0	0
9	0	0	0	0	0	0	7	5	0	0	0	0	0	1	5	0	0	0	0	0	0	2	2	5	0	0	0	0	0

SOMMES dues par le contribuable.						POUR 4 DOUZIÈMES (1er mai).								POUR 5 DOUZIÈMES (1er juin).								POUR 6 DOUZIÈMES (1er juillet).							
1	2	3	4	5	6	1	2	3	4	5	6	7	8	1	2	3	4	5	6	7	8	1	2	3	4	5	6	7	8
1	0	0	0	0	0	0	3	3	3	3	3	3	3	0	4	1	6	6	6	6	7	0	5	0	0	0	0	0	0
2	0	0	0	0	0	0	6	6	6	6	6	6	7	0	8	3	3	3	3	3	3	1	0	0	0	0	0	0	0
3	0	0	0	0	0	1	0	0	0	0	0	0	0	1	2	5	0	0	0	0	0	1	5	0	0	0	0	0	0
4	0	0	0	0	0	1	3	3	3	3	3	3	3	1	6	6	6	6	6	6	7	2	0	0	0	0	0	0	0
5	0	0	0	0	0	1	6	6	6	6	6	6	7	2	0	8	3	3	3	3	3	2	5	0	0	0	0	0	0
6	0	0	0	0	0	2	0	0	0	0	0	0	0	2	5	0	0	0	0	0	0	3	0	0	0	0	0	0	0
7	0	0	0	0	0	2	3	3	3	3	3	3	3	2	9	1	6	6	6	6	7	3	5	0	0	0	0	0	0
8	0	0	0	0	0	2	6	6	6	6	6	6	7	2	3	3	3	3	3	3	3	4	0	0	0	0	0	0	0
9	0	0	0	0	0	3	0	0	0	0	0	0	0	2	7	5	0	0	0	0	0	4	5	0	0	0	0	0	0

TABLE des douzièmes de Contributions.

SOMMES dues par le contribuable.						POUR 7 DOUZIÈMES (1er août).								POUR 8 DOUZIÈMES (1er septembre).								POUR 9 DOUZIÈMES (1er octobre).							
1	2	3	4	5	6	1	2	3	4	5	6	7	8	1	2	3	4	5	6	7	8	1	2	3	4	5	6	7	8
1	0	0	0	0	0	0	5	8	3	3	3	3	3	0	6	6	6	6	6	6	7	0	7	5	0	0	0	0	0
2	0	0	0	0	0	1	1	6	6	6	6	6	7	1	3	3	3	3	3	3	3	1	5	0	0	0	0	0	0
3	0	0	0	0	0	1	7	5	0	0	0	0	0	2	0	0	0	0	0	0	0	2	2	5	0	0	0	0	0
4	0	0	0	0	0	2	3	3	3	3	3	3	3	2	6	6	6	6	6	6	7	3	0	0	0	0	0	0	0
5	0	0	0	0	0	2	9	1	6	6	6	6	7	3	3	3	3	3	3	3	3	3	7	5	0	0	0	0	0
6	0	0	0	0	0	2	5	0	0	0	0	0	0	4	0	0	0	0	0	0	0	4	5	0	0	0	0	0	0
7	0	0	0	0	0	3	0	8	3	3	3	3	3	4	6	6	6	6	6	6	7	5	2	5	0	0	0	0	0
8	0	0	0	0	0	3	6	6	6	6	6	6	7	5	3	3	3	3	3	3	3	6	0	0	0	0	0	0	0
9	0	0	0	0	0	4	2	5	0	0	0	0	0	6	0	0	0	0	0	0	0	6	7	5	0	0	0	0	0

SOMMES dues par le contribuable.						POUR 10 DOUZIÈMES (1er novembre).								POUR 11 DOUZIÈMES (1er décembre).								POUR 12 DOUZIÈMES (échu le 1er janvier), ou somme intégrante de la contribution due par le contribuable.
1	2	3	4	5	6	1	2	3	4	5	6	7	8	1	2	3	4	5	6	7	8	
1	0	0	0	0	0	0	8	3	3	3	3	3	3	0	9	1	6	6	6	6	7	
2	0	0	0	0	0	1	6	6	6	6	6	6	7	1	8	3	3	3	3	3	3	
3	0	0	0	0	0	2	5	0	0	0	0	0	0	2	7	5	0	0	0	0	0	
4	0	0	0	0	0	3	3	3	3	3	3	3	3	3	6	6	6	6	6	6	7	—
5	0	0	0	0	0	4	1	6	6	6	6	6	6	4	5	8	3	3	3	3	3	
6	0	0	0	0	0	5	0	0	0	0	0	0	0	5	5	0	0	0	0	0	0	
7	0	0	0	0	0	5	8	3	3	3	3	3	3	6	4	1	6	6	6	6	7	
8	0	0	0	0	0	6	6	6	6	6	6	6	7	7	3	3	3	3	3	3	3	
9	0	0	0	0	0	7	5	0	0	0	0	0	0	8	2	5	0	0	0	0	0	

DE L'INTÉRÊT DE L'ARGENT

ET

DE L'USURE [1].

A voir combien de préjugés sur l'Usure sont encore généralement admis, on dirait vraiment que cette question n'a été jusqu'ici l'objet d'aucun examen sérieux de la part des hommes de science ; cependant dès le milieu du siècle dernier, Turgot, un des disciples les plus remarquables de Quesnay, avait hautement attaqué les fausses idées du moyen-âge sur ce sujet , et traité d'une manière lumineuse la question de l'Usure. Turgot n'était encore qu'intendant de la province de Limoges lorsqu'il présenta au conseil-d'état, en 1769, son *Mémoire sur les Prêts d'argent*, dans lequel il demandait formellement l'abrogation des lois contre ce qu'on nommait l'Usure (si nos lois actuelles diffèrent en quelques points des lois qui existaient du temps de Turgot, elles leur ressemblent en ceci qu'elles déclarent *délit* tout prêt d'argent fait à un intérêt plus élevé que le taux légal). — Plus tard, en 1787, Jérémie Bentham publia sous ce titre : *Défense de l'Usure*, une série de lettres dans lesquelles la question est aussi traitée à fond. Enfin, de nos jours, tous les économistes se sont accordés à reconnaître qu'il y avait dans l'*intérêt* de l'argent, c'est-à-dire dans

[1] N° 38 de *la Phalange* (rue Jacob, 54, à Paris).

le *loyer* du capital prêté, une partie essentiellement variable, c'est celle qui représente la *Prime d'Assurance* pour le *risque couru*, risque qui augmente ou diminue suivant le caractère ou la fortune de l'emprunteur, et aussi suivant le plus ou moins de probabilité de succès que présente l'opération pour laquelle l'emprunt a été fait.

En 1828, une brochure, contenant le mémoire de Turgot et une traduction de la *Défense de l'Usure* de Bentham, fut publiée à Paris par les libraires Malher et Cie (1); ces deux ouvrages furent accompagnés d'une introduction fort remarquable, mais dont l'auteur a voulu garder l'anonyme (2). Cette brochure de moins de 300 pages renferme tout ce qu'on a dit de mieux jusqu'ici sur cette question.

On nous saura gré, sans doute, des citations que nous allons donner de cette introduction :

« La société peut être considérée comme étant divisée en deux classes : l'une possédant actuellement les instruments du travail, terres et capitaux, et ne *voulant* pas, ou ne *sachant* pas les employer ; l'autre, *sachant* et *voulant* les employer, et cherchant en conséquence à se les procurer. Jusqu'à présent la première de ces deux classes s'est constamment réservé une part du travail de la seconde en lui cédant l'*usage* des instruments dont elle était en possession. Cette part qu'elle s'est réservée a toujours été proportionnée à sa puissance politique ; elle a toujours été en diminuant à mesure que l'existence sociale de la classe des travailleurs a grandi et que son influence politique s'est étendue, ou autrement : à mesure que les priviléges attachés à la personne des non-travailleurs propriétaires, ou au titre abstrait de propriété, se sont affaiblis. La relation qui a existé jusqu'ici entre ces deux classes, et les phases qui en marquent la durée forment une série qui a pour premier terme l'esclavage complet des travailleurs, état dans lequel ceux-ci ne stipulent rien pour eux et où ils subissent, sans débat, les conditions que leur imposent les non-travailleurs qui leur prennent tout ce qu'ils jugent à propos de leur prendre, et pour dernier terme le rapport qui existe aujourd'hui entre le prêteur et l'emprunteur, état de choses dans lequel les travailleurs sont admis à débattre avec les non-travailleurs la part que ceux-ci leur abandonneront sur le produit de leur travail, et où cette part se réduit à ce que nous appelons *intérêt, loyer, fermage.*

. . . .

(1) Passage Dauphine, à Paris.
(2) On croit que Bazard est l'auteur de cette Introduction.

« La baisse progressive du loyer des instruments de travail tient à deux circonstances :

1º *L'accroissement des richesses dans les mains des travailleurs ;*

2º Le développement de la confiance générale, représenté dans les relations industrielles par les développements et *l'organisation du crédit.*

. . . .

« Lorsque les travailleurs, malgré les obstacles qui s'opposent d'abord à ce qu'ils puissent mettre en réserve une partie de leur travail, sont parvenus à acquérir la propriété d'une partie des instruments qui leur sont nécessaires, la *faculté légale* dont ils jouissent de *débattre* leurs intérêts avec les non-travailleurs *commence à prendre de la réalité* et à leur faire obtenir de meilleures conditions. L'avantage de la position des travailleurs à chaque progrès de la richesse dans leurs mains peut s'exprimer ainsi :

« *Nécessité moins pressante* d'emprunter, et *faculté plus grande*, en conséquence, de suivre l'impulsion de ce penchant naturel, de ce besoin impérieux qui porte tous les hommes à améliorer leur sort autant qu'il est en leur pouvoir.

« Si le loyer des instruments de travail est moins élevé qu'il n'a encore été, ce n'est pas seulement parce que la richesse est en général plus grande de nos jours qu'à aucune autre époque, mais bien parce qu'elle a pris ce développement *dans les mains des travailleurs.*

. . . .

« Il convient de reconnaître, avec les économistes, deux éléments dans le taux de l'*intérêt :* une *prime d'assurance* garantissant en quelque sorte la solvabilité de l'emprunteur, et le *loyer* proprement dit.

« La *prime d'assurance* peut être très-élevée, et dans certains cas l'emporter sur le *loyer :* elle est proportionnelle aux risques que court ou que *croit courir* le prêteur, soit en raison des circonstances générales, politiques ou industrielles, soit en raison des qualités et de la situation personnelle de l'emprunteur.

. . . .

« Lorsqu'aujourd'hui les uns obtiennent, moyennant 3 p. 100, des capitaux que d'autres ne peuvent se procurer qu'à 5 ou à 6, on peut dire que 3 p. 100 sont à peu près le taux réel du *loyer* et que tout ce qui excède ce chiffre forme la *prime d'assurance.* »

L'auteur de cette introduction ajoute plus loin : « De tout ce qui vient d'être dit, on est en droit de conclure que :

« .   .   .   .   L'*intérêt*, en tant que représentant le *loyer* des instruments de travail, tend à disparaître complètement, et que la *prime d'assurance* seule doit rester, en se réduisant elle-même, par suite des progrès de l'*organisation industrielle*, sur la proportion des seuls risques qui peuvent être considérés comme au-dessus de la prévoyance et de la sagesse humaine. »

Suivant la loi et suivant les préjugés qui subsistent encore, il y a usure, et par conséquent délit, quand on exige un intérêt plus fort que l'*intérêt légal* ; suivant le bon sens et suivant l'équité, l'usure ne devrait exister que lorsque l'intérêt exigé est *plus élevé qu'il ne devrait l'être eu égard aux circonstances du prêt.* — Mais comment faire pour déterminer le taux exact auquel chaque prêt doit être fait ; où trouver une autorité suffisamment éclairée pour savoir fixer ce taux dans tous les cas possibles, et assez forte, moralement, pour faire accepter sa décision comme *juste* et *bonne* par le prêteur et par l'emprunteur ? Voilà la véritable difficulté pratique de la question. Dans l'état actuel de notre société, ce problème, comme tant d'autres, hélas ! ne peut pas trouver une solution complètement bonne ; il faut par force se contenter d'un *à peu près* ; et, cet *à peu près* même, il sera impossible d'y arriver, tant que le débat sur l'intérêt aura lieu directement entre deux individus, le *prêteur* et l'*emprunteur*. Quand le *prêteur* est un grand établissement, une banque, par exemple, alors il y a plus de chances pour que l'emprunteur soit traité raisonnablement. La publicité des opérations d'une banque, force généralement le gérant à être *juste* ou *à peu près juste* avec tout le monde ; tout cela cependant est encore loin du *bien* véritable. Une banque est obligée d'adopter un taux unique, ce qui n'est pas juste, puisque les risques ne sont pas les mêmes pour chaque prêt. La seule différence qu'elle établisse, c'est de prêter une somme plus forte à celui qu'elle regarde comme plus solvable, et une somme plus faible à celui qu'elle suppose moins riche. Cette base est fausse ; elle est fausse parce qu'elle ne comprend qu'un des éléments de la sécurité en matière de prêt.

Comme nous l'avons dit plus haut : la plus ou moins grande probabilité de succès, que présente l'opération pour laquelle l'emprunt est fait, doit entrer pour beaucoup dans l'appréciation du risque couru par le prêteur. Avec un emprunteur honnête homme, c'est même la seule chose qu'il y ait à considérer. — Malheureusement dans l'industrie et dans le commerce, chacun tient ses opérations autant secrètes qu'il peut, de sorte que le prêteur est obligé de se passer de l'élément le plus important pour bien apprécier et bien juger le risque qu'on lui propose ; de là, l'excuse (et souvent la raison légitime) sur laquelle s'appuient tous ceux qui exigent un intérêt élevé pour l'argent qu'ils prêtent.

Pour tout homme qui veut se donner la peine de raisonner, il est de la dernière évidence que l'usure n'est pas dans le *taux même* de l'intérêt perçu par le prêteur, mais bien dans la *disproportion* de ce taux, avec le risque couru. — Ainsi, la Banque de France qui escompte à 4 p. 0/0 l'an des valeurs à trois mois de date au plus, qui sont revêtues de trois signatures reconnues par elle solvables, perçoit, en réalité, un *intérêt usuraire*, puisque le risque couru par la Banque est nul, et que pour des prêts à court terme qui ne présentent pas de risques, on trouve dans le public de l'argent à 3 p. 0/0. Nous ne pensons pas avoir besoin de démontrer que le risque couru par la Banque de France *est nul*, il suffit de rappeler que dans les comptes annuels de cet établissement, la somme des effets restés définitivement en souffrance ne s'élève pas ordinairement à plus de 12 ou 1,500 fr. ; or, sur la masse des opérations de la Banque, un pareil chiffre est l'égal de zéro.

Nous avons lu dernièrement dans l'*Office de Publicité* une pétition que M. Lalande a adressée à la chambre, pour demander l'abrogation, ou tout au moins, suspension de la loi du 3 septembre 1807 (I), qui prononce des peines contre *ce qu'on appelle* l'Usure. M. Lalande fait cette demande au nom même des cultivateurs et des industriels qui ne trouveraient plus à emprunteur un sol, si les procureurs du roi poursuivaient tous ceux qui prêtent à plus de 6 pour 0/0, si les tribunaux appliquaient à la lettre la loi du 3 septembre. Placé dans cette alternative, ou de ne pas trouver d'argent, ou de le payer à 7, à 8, à 9 pour 0/0, il est évident que l'homme pressé par le besoin n'hésitera pas ; il acceptera de grand cœur le prêt qualifié usuraire, à 8 ou à 9 p. 0/0. Mais tout ne serait pas fait quand on aurait rendu aux prêteurs et aux emprunteurs la liberté de fixer de gré à gré l'intérêt. Dans ce débat, le prêteur aura incontestablement l'avantage de la position et il en abusera souvent ; aussi conviendrait-il de ne pas abroger la loi existante, avant qu'une institution fût venue donner aux emprunteurs les moyens d'obtenir l'argent dont ils ont besoin aux conditions les plus *justes possibles...*

Ici nous croyons devoir reproduire un passage de l'article de notre numéro du Ier septembre 1838, dans lequel notre ami M. Le Moyne indiquait en peu de mots le moyen de centraliser les emprunts et les prêts :

« Le peu de confiance qu'on peut aujourd'hui avoir dans les emprunteurs est cause que les prêteurs, pour ne pas mettre tous leurs œufs dans un seul panier, disséminent leurs capitaux en de petites sommes qu'ils prêtent à différents in-

(1) Voir cette loi à l'Appendice.

dividus. Mais on voit que ce système est d'une fâcheuse complication ; le capitaliste consume son temps et ses facultés en études sur la sûreté des placements qu'on lui propose et en menus soins de gestion. La société, par contre-coup, perd le travail producteur et utile que ce capitaliste lui ferait si on organisait une réforme commerciale.

« Les emprunteurs, de leur côté, cherchent aussi à s'adresser à plusieurs prêteurs plutôt qu'à un seul, afin que personne ne sache au juste à combien s'élève leur passif.

« Il faut *centraliser* les emprunts et les prêts.

« Supposez que les intérêts de tous les individus qui voudront prêter ou emprunter soient solidarisés, qu'ils soient groupés par *comptoirs* régissant chacun les intérêts de 2,000 personnes, plus ou moins.

« Parmi ces 2,000 personnes il y aura des individus qui auront des capitaux à prêter, et d'autres qui désireront en emprunter, tous les prêteurs réuniront leurs capitaux dans une même caisse dont on distribuera le montant aux emprunteurs selon la confiance que chacun inspirera.

« Observez qu'il y aura des comptoirs dont la caisse recevra plus de fonds des prêteurs qu'elle n'en aura à donner à des emprunteurs, et que d'un autre côté il se trouvera d'autres comptoirs qui auront plus d'emprunteurs méritant crédit qu'ils n'auront de fonds pour les satisfaire. Eh bien ! on pourra solidariser entre eux les comptoirs d'une même province, comme dans un seul comptoir on solidarise les individus. Je veux dire qu'il y aura des comptoirs prêteurs dont on réunira les fonds en une masse provinciale, et des comptoirs emprunteurs entre lesquels on distribuera cette masse de capitaux.

« Comment dans chaque comptoir déterminerait-on le crédit de chaque emprunteur ? Il y a plusieurs moyens, mais la question est vaste ; nous pourrons la traiter une autre fois..... »

Dans le système que M. Le Moyne propose, il serait facile d'approcher de l'appréciation exacte des risques du prêteur ; et d'ailleurs, l'espèce d'assurance mutuelle que ce système établit entre tous les prêteurs réduirait à fort peu de chose la prime que chaque emprunteur aurait à supporter ; c'est alors que le taux de l'intérêt pourrait arriver presque à la plus basse limite ; ce système évite le débat direct entre l'individu qui a besoin et l'individu qui a l'argent ; et c'est déjà un grand bien.

Il est inutile sans doute de dire que sous le *régime sociétaire*, l'*intérêt* atteindrait tout naturellement et bien *réellement* à la plus basse limite possible ; les lecteurs de *la Phalange* savent que sous ce régime tout se fait au grand jour ;

que le secret n'est nulle part, et que chaque opération ou, pour dire mieux, chaque emploi de fonds n'a lieu qu'après une mûre et consciencieuse délibération, non pas d'un individu (un individu pourrait n'être pas toujours capable de juger convenablement l'opération), mais bien de *tous ceux* qui dans la commune sont reconnus les juges les plus compétents dans la matière.

La pétition de M. Lalande rappelle un fait assez curieux, un fait qui devrait bien, ce nous semble, ouvrir les yeux de ceux qui se reposent sur les lois existantes du soin d'empêcher que les emprunteurs de la campagne ne soient pressurés par les prêteurs. Nous lisons dans cette pétition :

« Une grande preuve, messieurs, que la loi du 3 septembre 1807 a besoin d'être révisée, c'est que le bon sens même des magistrats, ordinairement si religieux observateurs de la lettre, en fait justice. « Tout récemment (dit l'*Of-« fice de Publicité* du 23 janvier 1839) le tribunal civil de la Seine, appelé à « se prononcer sur le taux de l'escompte, a jugé que l'escompteur pouvait le « fixer au-delà de l'intérêt légal ou conventionnel. Les motifs de ce jugement « peuvent se résumer ainsi : l'escompteur court des dangers : il a donc le droit « de fixer l'indemnité qui lui est due pour ces dangers. L'argent est plus ou « moins rare, dès-lors son loyer doit être plus ou moins élevé. »

L'absurdité et l'injustice de la loi sont donc cause qu'elle n'est observée nulle part, et que les tribunaux même évitent de l'appliquer quand par hasard ils sont appelés à se prononcer sur tel ou tel cas particulier. Nous nous joignons volontiers à M. Lalande pour appeler l'attention des chambres sur ce sujet, mais nous croyons que, sans en venir à une abrogation pure et simple, abrogation qu'on ne voudra sans doute prononcer qu'après un long et mûr examen des inconvénients et des avantages que présente cette mesure, on pourrait, en attendant une décision ultérieure, donner aux juges le droit de décider, d'après les circonstances du fait déféré à leur jugement, si tel prêt, quoique fait à un intérêt plus fort que l'intérêt légal, mérite ou ne mérite pas d'être qualifié *délit*. Cette latitude laissée aux juges arrêterait, dans une foule de cas, ces plaintes vraiment scandaleuses que des débiteurs ingrats et de mauvaise foi portent si souvent contre ceux qui les ont tirés d'embarras en leur prêtant à 8 ou à 9 p. 0/0 les capitaux dont ils avaient besoin, et pour lesquels ils n'avaient à offrir que de très-faibles garanties.

Ce moyen ne serait qu'un palliatif, et laisserait encore subsister bien des abus ; nous le savons. Aussi ne le proposons-nous que comme une *mesure provisoire*, mais, en l'absence d'une organisation de l'industrie qui permette d'ar-

2 I

river *au vrai* en fait d'intérêt d'argent, nous croyons qu'on n'aurait pas lieu de regretter de l'avoir adopté.

Les économistes s'apitoient sur la position des cultivateurs et des petits industriels qui sont obligés de payer cher les capitaux qui leur sont nécessaires, et ils font tous des vœux pour que le taux de l'argent diminue ; il leur semble que si l'intérêt était généralement diminué, les cultivateurs, les industriels et les commerçants seraient bien plus heureux ; en cela ils se trompent, ils font confusion : ils confondent l'intérêt général avec l'intérêt particulier ; or, dans notre ordre social morcelé ce sont deux choses différentes. Si le taux de l'argent baissait tout-à-coup de moitié, le prix de chaque objet baisserait aussi, de sorte que les *producteurs* ne se trouveraient pas dans une position meilleure (remarquez qu'ici nous ne parlons que des *maîtres*, les ouvriers restent en dehors de la question) ; l'avantage serait tout entier pour le *consommateur*. C'est donc seulement au point de vue de l'INTÉRÊT GÉNÉRAL qu'on peut désirer la diminution du *loyer* des capitaux, et non dans l'espoir que les petits *producteurs* retireraient d'une baisse générale de l'intérêt un bien quelconque ; quant à eux, ils y seraient peu ou point intéressés. Ce qui rend la position des petits industriels vraiment triste, c'est qu'ils sont obligés de payer 7, 8, 10, quelquefois même 12 et 15 p. 0/0 des capitaux que les grands industriels ne paient que 4 ou 5 p. 0/0. Les *grands industriels* ont déjà tant d'autres avantages qu'il faudrait bien, au moins, que pour le loyer des capitaux, les *petits industriels* fussent sur le pied de l'égalité avec leurs rivaux, les *grands industriels ;* malheureusement cela n'est pas possible aujourd'hui.

Ici la difficulté se complique : Nous avons reconnu, d'une part, que la justice voulait que l'intérêt du capital fût en *proportion* des risques ; d'autre part, nous avons reconnu aussi que la position, déjà si défavorable des petits industriels, exigerait que le taux de l'intérêt fût *égal* pour tous, ou tout au moins qu'il n'y eût plus, entre l'intérêt payé par les petits industriels et l'intérêt payé par les grands industriels, ces énormes différences qui existent aujourd'hui ; pour satisfaire jusqu'à un certain point à ces deux exigences légitimes, il n'y a qu'un moyen : c'est, d'un côté, de *centraliser* et de *solidariser* les intérêts des prêteurs, de l'autre de *centraliser* et de *solidariser* les intérêts des emprunteurs, ainsi que M. Le Moyne a proposé de le faire.

C'est là une mesure qui déjà n'appartient plus à la période sociale dite *civilisation*, elle appartient à la période suivante que Fourier a nommée *garantisme*. Nous faisons cette observation, pour prouver à ceux de nos lecteurs qui ne le sauraient pas encore que tous les jours des faits significatifs et des nécessités nouvelles viennent donner raison à la théorie de Fourier, et réaliser les prédictions de ce puissant génie.

D'après tout ce que nous venons de dire, on voit clairement que la question de l'intérêt de l'argent et celle de l'usure ne peuvent pas, dans notre société *morcelée*, trouver une solution complètement bonne; on voit aussi que la diminution du taux de l'argent est toute dans l'intérêt des *consommateurs*, et nullement dans celui des *producteurs*.

APPENDICE.

Loi *sur le Taux de l'intérêt de l'Argent.*

(3 septembre 1807.)

Art. Ier L'intérêt conventionnel ne pourra excéder, en matière civile, cinq pour cent, ni en matière de commerce, six pour cent, le tout sans retenue.

2. L'intérêt légal sera, en matière civile, de cinq pour cent, et en matière de commerce, de six pour cent aussi sans retenue (I).

3. Lorsqu'il sera prouvé que le prêt conventionnel aura été fait à un taux excédant celui qui est fixé par l'art. Ier, le prêteur sera condamné, par le tribunal saisi de la contestation, à restituer cet excédant, s'il l'a reçu, ou à souffrir la réduction sur le principal de la créance, et pourra même être renvoyé, s'il y a lieu, devant le tribunal correctionnel, pour y être jugé conformément à l'article suivant.

(1) (Duvergier.) — Les tribunaux saisis d'une contestation en matière commerciale peuvent adjuger l'intérêt à six pour cent (16 juillet 1817 ; cass. Sirey, 19, 1, 15).

Cet article, en fixant l'intérêt légal à cinq pour cent sans retenue, n'a point d'effet rétroactif, ainsi, il ne s'applique ni aux rentes créées avec stipulation de retenue, ni aux rentes créées sous l'empire d'une loi ordonnant la retenue, il ne s'applique même pas sous l'empire d'une loi qui n'ordonnait pas la retenue, mais qui ont été soumises à cette retenue par une loi survenue depuis leur création (25 février 1818 ; cass. S. 18, 1, 171).

Voyez dans le même sens, et relativement à des intérêts, arrêt de Riom du 25 août 1813 ; S. 15, 2, 236 ; et de Limoges du 2 juillet 1817 ; S. 17, 2, 282.

Cependant il a été jugé que les intérêts d'un capital légué avant la présente loi, mais qui sont échus seulement depuis cette loi, ne sont pas sujets à la retenue du vingtième autorisée par l'édit du mois de mai 1749, et les lois subséquentes (22 mars 1820 ; cass. 20, 1, 351).

Les intérêts peuvent être réduits au-dessous du taux légal, par le moyen de la retenue des impositions, lorsqu'ils sont adjugés à titre de dommages-intérêts (18 mars 1817 ; cass. S. 18, 1, 72).

4. Tout individu qui sera prévenu de se livrer habituellement à l'usure (1) sera traduit devant le tribunal correctionnel, et, en cas de conviction (2), condamné à une amende qui ne pourra excéder la moitié des capitaux qu'il aura prêtés à usure (3).

S'il résulte de la procédure qu'il y a eu escroquerie de la part du prêteur, il sera condamné, outre l'amende ci-dessus, à un emprisonnement qui ne pourra excéder deux ans (4).

(1) Plusieurs faits d'usure exercés envers la même personne ne constituent pas l'habitude d'usure (25 avril 1812; Paris; S. 12, 2, 316).

La loi ne qualifie usure que l'habitude d'exiger des intérêts au-dessus du taux légal; ainsi, un individu ne peut être condamné comme coupable d'usure par cela seul qu'il est convaincu d'avoir exigé des intérêts excessifs de l'un de ses débiteurs (22 novembre 1811; cass. S. 12, 1, 88, et S. 17, 1, 24).

Il n'y a pas d'usure dans le fait de celui qui escompte des billets à un taux excédant celui de la loi, comme dans la perception d'intérêts excédant le taux légal, faites en vertu de prêts conventionnels. — Peu importe même que le taux de l'escompte excède le taux fixé par l'usage local du commerce.

Toutefois, si l'escompte n'était employé que pour déguiser des perceptions d'intérêts usuraires faites en vertu de prêts conventionnels, il y aurait usure (8 avril 1825; cass. S. 25, 1, 558, et 26 août 1825; cass. S. 25, 1, 360).

Y a-t-il usure lorsque l'intérêt excédant le taux légal n'est stipulé que pour indemniser le prêteur d'une perte certaine (*damnum emergens*) ou de la privation d'un gain certain (*lucrum cessans*) que lui cause le prêt.

Voyez Dissertations (S. 22, 2, et 25, 2, 129).

(2) La preuve testimoniale est admissible pour établir qu'un contrat est vicié d'usure. Il n'est pas nécessaire de recourir à l'inscription de faux, bien que le contrat soit authentique, à moins que les faits constitutifs d'usure ne soient en contradiction stricte avec les énonciations de l'acte (28 juin 1821; cass. S. 22, 1, 269).

Voyez Observations en un sens contraire (S. 25, 1, 46).

(3) Le *maximum* de l'amende étant fixé à la moitié des sommes prêtées à usure, la condamnation d'un usurier à l'amende ne peut être légale qu'autant que le jugement constate la quotité des capitaux prêtés à usure, afin qu'il soit possible de vérifier si l'amende n'excède pas le rapport établi par la loi entre cette même amende et les sommes prêtées à usure (7 mai 1824; cass. S. 24, 1, 306; — 12 novembre 1819; cass. S. 20, 1, 86).

(4) Les juges correctionnels peuvent, dans l'appréciation des faits qui caractérisent le délit d'usure, déclarer la simulation de certains actes, tels que des effets de commerce négociables, et y reconnaître des prêts usuraires dont l'ensemble constitue le délit d'usure habituelle (4 août 1820; cass. S. 21, 1, 39).

Le prévenu qui a commis des faits d'usure dans divers arrondissements, en nombre suffisant dans chacun pour constituer l'habitude d'usure, peut être traduit indifféremment devant le juge de chaque arrondissement (15 octobre 1818; cass. S. 19, 1, 262).

5. Il n'est rien innové aux stipulations d'intérêts par contrats ou autres actes faits jusqu'au jour de la publication de la présente loi (5).

La prescription de trois ans établie par les délits correctionnels, et par conséquent applicable au délit d'usure habituelle, n'est pas applicable à chaque fait particulier d'usure qui concourt à constituer le délit; ainsi l'amende peut être calculée en prenant pour base même les sommes prêtées antérieurement aux trois ans qui ont précédé les poursuites (15 juin 1821; cass. S. 21, 1, 407).

Jugé dans le même sens par arrêt du 4 août 1820 (S. 21, 1, 59, et par arrêt du 23 juillet 1825; S. 25, 1, 430).

Il paraît toutefois incontestable que si, après un ou plusieurs faits d'usure, il s'était écoulé un laps de trois ans, ces faits seraient couverts par la prescription; en sorte que de nouveaux faits d'usure survenus après cet intervalle ne pourraient pas faire revivre les faits anciens : ainsi la règle devrait être entendue en ce sens, que tous faits d'usure peuvent être poursuivis plus de trois ans après qu'ils ont eu lieu, s'ils se lient à d'autres faits d'usure, et si l'intervalle qui sépare les uns des autres n'est pas de trois ans.

L'usure ne consiste pas seulement dans la stipulation de l'intérêt usuraire; il y a aussi usure dans chaque fait de perception d'intérêts usuraires précédemment stipulé. -- Ainsi la prescription n'est pas acquise par cela seul que la stipulation d'intérêts usuraires remonte à plus de trois ans, lorsqu'il y a eu des perceptions d'intérêts, en vertu de cette stipulation, depuis environ trois ans (25 février 1826; cass. S. 26, 1, 138).

(5) Avant la présente loi, l'intérêt pouvait être stipulé à un taux quelconque, suivant la volonté des parties, même à 25 et 50 pour o/o (20 février 1810, et 11 avril 1810; cass. S. 10, 1, 205; -- 3 mai 1809; cass. S. 9, 1, 257). -- Il en était de même dans les Pays-Bas quoiqu'il y eut existé un statut local réglant le taux de l'intérêt; ce statut avait été abrogé par la survenance du code civil (10 janvier 1810; Bruxelles; S. 10, 2, 345).

L'anatocisme (intérêt composé) même n'était pas prohibé (20 février 1810; cass. S. 10, 1, 205; -- 5 octobre 1813; cass. S. 15, 1, 76).

Il y a arrêt contraire du 8 frimaire an 12 (cass. S. 4, 1, 120).

Cette loi est applicable aux intérêts commerciaux échus depuis la promulgation, bien qu'ils résultent d'un quasi-contrat antérieur (13 mai 1817; cass. S. 18, 1, 225).

Un arrêt a jugé en sens contraire pour les intérêts en matière civile (24 mai 1809; Bruxelles; S. 10, 2, 567).

Une stipulation d'intérêts à dix pour cent faite dans un contrat de prêt antérieur à la présente loi, avec la convention que cet intérêt sera servi jusqu'à parfait remboursement du capital, doit produire son effet, même depuis la promulgation de la loi, peu importe que le prêt n'ait été fait que pour une année (8 février 1825; Poitiers; S. 23, 2, 415).

Voir LA DEUXIÈME PARTIE DE CET OUVRAGE *pour les Tables comparées des anciennes et nouvelles mesures.*

TABLE DES MATIÈRES.

Lyon. — Imp. d'Isid. Deleuze.

www.ingramcontent.com/pod-product-compliance
Lightning Source LLC
LaVergne TN
LVHW050058060726
842524LV00003B/826